职业教育“校企双元、产教融合型”系列教材

Maya实用教程

阳登群　陈　程　主　编

张远伟　孙凌志　胡　涛　副主编

化学工业出版社

·北京·

内 容 简 介

本书根据三维软件教学特点与中职学生学习规律，采用模块一任务式的编写体例，设置7个模块，包括Maya基础知识、曲面建模、多边形建模、灯光技术、摄影机技术、材质与渲染、Maya动画基础。书中涵盖大量实用性强的软件操作知识点，能广泛应用于游戏、室内设计、影视动画、工业产品展示、商业广告策划等领域。全书将软件使用技巧分析和项目案例制作有效结合，通过16个任务实例对使用技巧和制作方法进行详细阐述，各个实例都配有教学微视频、源文件，便于学生自学、实践操作，可扫描书中二维码查看或登录化工教育网下载使用。各个模块都设有知识巩固习题，并配有答案，可扫书中二维码获取。

本书可作为中职计算机应用、数字媒体技术应用、计算机动漫与游戏制作等专业教学用书，也可作为相关机构的培训用书、三维影视制作爱好者及从业者的自学教程。

图书在版编目（CIP）数据

Maya 实用教程 / 阳登群，陈程主编. —北京：化学工业出版社，2023.7

ISBN 978-7-122-43409-8

Ⅰ. ①M… Ⅱ. ①阳… ②陈… Ⅲ. ①三维动画软件－教材 Ⅳ. ①TP391.414

中国国家版本馆 CIP 数据核字（2023）第 077185 号

责任编辑：张　阳　　　　装帧设计：水长流文化
责任校对：宋　玮

出版发行：化学工业出版社（北京市东城区青年湖南街 13 号　邮政编码 100011）
印　　装：北京缤索印刷有限公司
787mm×1092mm　1/16　印张 9¼　字数 143 千字　2023 年 9 月北京第 1 版第 1 次印刷

购书咨询：010-64518888　　　　售后服务：010-64518899
网　　址：http://www.cip.com.cn
凡购买本书，如有缺损质量问题，本社销售中心负责调换。

定　　价：59.80 元　

职业教育“校企双元、产教融合型”系列教材

前言

当今社会信息技术飞速发展，新的信息技术成为新的经济增长引擎。党的二十大报告指出，加快发展数字经济，促进数字经济和实体经济深度融合，打造具有国际竞争力的数字产业集群。数字产业的大力发展必须以德才兼备的信息技术人才作为支撑。以Autodesk Maya为代表的三维信息技术软件广泛应用于影视、动画、游戏、建筑及虚拟现实等多个领域，是信息技术人才有必要学习和掌握的软件。

本教材针对中等职业学校学生的特点，以国家《中等职业学校计算机动漫与游戏制作专业教学标准（试行）》、1+X动画制作职业技能等级要求（初级）为依据进行编写。全书从Maya实战应用的角度出发，结合具体案例，由浅入深地讲解Maya 2022在建模、灯光、材质、渲染、动画等模块的基础应用，为三维动画的初学者提供入门技术指导。通过综合实战项目的展示演练，将项目创意和制作技巧有效地进行结合，并对其制作方法进行了详细的阐述，使学生对商业项目制作形成一个全面的认识。

本教材从实际工作流程出发，共分7个模块。模块1带领学生了解软件历史和常规界面。模块2、3介绍两种常见的建模手段。按照中职学习阶段技能要求和三维软件的学习规律，模块3是本教材的知识重点。模块4至模块7讲解Maya软件中灯光、摄影机、材质、渲染、动画的相关技术及使用技巧。各模块讲授的知识内容能广泛应用于游戏设计、影视制作、动画设计、室内设计、工业产品展示、商业广告策划等领域。

本教材编写体现“做中学，做中教”的教学理念，注重培养学生的良好品格和实践操作能力，设定教师讲授和学生学习操作的教学环境以计算机机房为主，体现Maya实操性的特点，有利于学生跟随教师步伐对Maya软件进行模仿操作，以此促进学生知识、能力与职业素养的多维发展。

教材采用主题引导、任务驱动的编排方式，依据教学大纲中的内容要求，将每一模块的知识点分解并归纳，设计出相应的任务实例，再以任务实例为主体，以相关知识介绍为辅助组织教材内容，难度适中，符合中职生的心理特征和认知规律。秉承新形态教材的开发理念，教材中配套视频微课、案例源文件、课件、教案、习题答案等数字资源，可以扫描书中二维码查看或登录化学工业出版社官网、化工教育网下载。本教材的任务实例经过精心挑选和组织，体现实际商业项目的典型应用，强调学生动手操作和主动探究，让学生在实践中学习和总结软件的操作方法和相关技能。

本教材是校企合作、产教融合的实践成果，充分体现了职业教育校企合作办学的特点。全书由阳登群、陈程担任主编，张远伟、孙凌志、胡涛担任副主编，甘雪莲、张家瑜、廖开燕、杨璐嘉、许少伟、王妤、冉璐璐、张乐、肖阳、熊昌模、骆地美、金倩、谭雨蝶、武超参编。成书过程中，重庆昭信教育研究院、重庆凯高飞书数字传媒有限公司、完美世界教育科技（北京）有限公司提出了许多宝贵意见，提升了本书的品质，在此表示衷心的感谢。限于时间、水平，书中难免存在不足，恳请读者不吝赐教。

编者

2023年4月

目录

模块 3 多边形建模

模块 4 灯光技术

模块1 Maya基础知识

Maya（Autodesk Maya）是目前世界上最为优秀的三维制作软件之一，它能够为影视、动画、游戏、建筑及虚拟现实等众多领域提供先进的软件技术，帮助各行各业的设计师设计制作出优秀的数字可视化作品。随着其版本的不断更新和完善，Maya逐步获得了广大设计师及制作公司的高度认可。

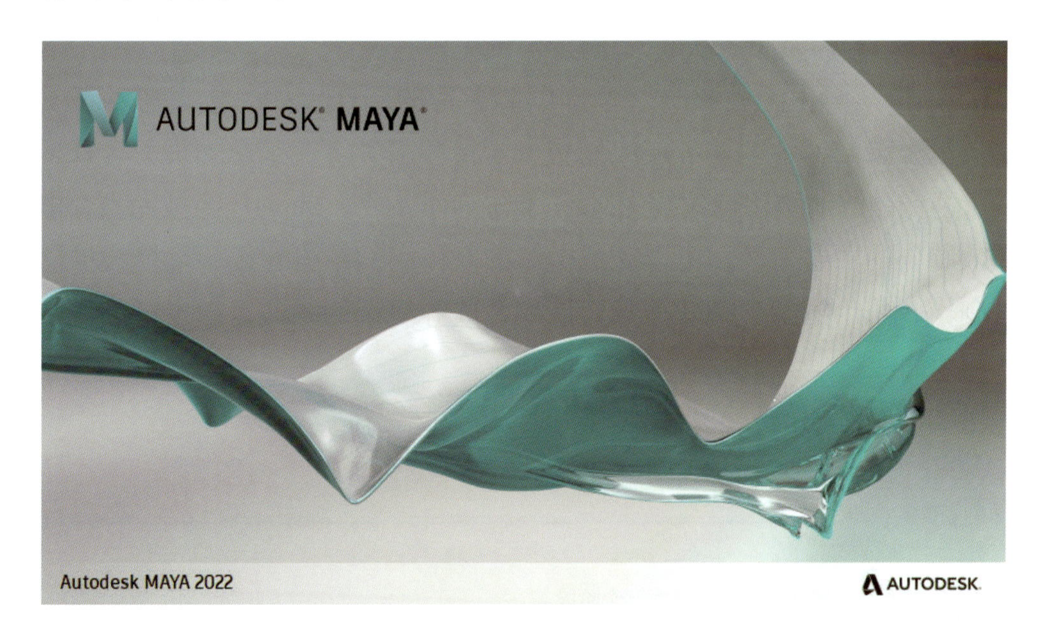

学习目标

- 了解Maya的发展概况
- 熟悉Maya 2022的操作界面
- 掌握Maya 2022的基本功能组成
- 具有致力于推动国产三维动画发展的创新意识
- 具有主动学习前沿技术、新知识、新技能的意识

1.1 Maya发展简史

Maya最早是由Alias和Wavefront公司在1998年推出的三维制作软件。一经推出，Maya在角色动画和特技效果方面就处于业界领先地位。

2005年，Alias公司被Autodesk公司并购，并发布Maya 8.0版本。

2021年，Maya 2022的推出对3D建模和动画软件来说是一个很重大的更新，它引入了更全面的USD插件，并增加了关键管线技术，例如对Python3和OCIO2的支持。Maya工具集的新功能包括Sweep Mesh系统，新的程序装配工具，GPU加速的Morph变形器以及新的动画Ghosting编辑器。值得注意的是，Maya从Maya 2020.4直接跳到了Maya 2022，完全跳过了Maya 2021。这样就使Maya与3ds Max的更新保持了一致。两种应用程序的更新速度相同，大约每三个月发布一次。

Maya自从诞生起就参与了多部国际大片的制作。如《玩具总动员》《精灵鼠小弟》《金刚》《最终幻想》《指环王》《汽车总动员》等众多知名影视作品的动画和特效都由Maya参与制作完成。Maya已经成为当今电影特效制作的主要工具，可以完成电影的立体空间结构建模、环境模拟、动画制作、角色渲染、特效渲染、后期合成等复杂的制作，给电影制作带来了巨大的便利。

用Maya创作出的三维影视作品可谓举不胜举。

你知道吗?

三维动画发展到目前可以分为三个阶段。

第一阶段（1995—2000年），是三维动画的起步时期。1995年皮克斯动画工作室的《玩具总动员》标志着三维动画时代的开始。在这个阶段，皮克斯是三维动画影片市场上的主要玩家。

第二阶段（2001—2003年），是三维动画的迅猛发展时期。在这一阶段，三维动画市场从“一个人的游戏”变成了皮克斯和梦工厂两家动画工作室的分庭抗礼。此阶段的代表作品有：梦工场出品的《怪物史瑞克》《鲨鱼黑帮》，皮克斯出品的《怪物公司》《海底总动员》等。

第三阶段（2004年至今），三维动画影片步入其发展的全盛时期。更多的影视公司使用三维动画技术完成自己的作品。如华纳兄弟娱乐公司推出的《极地特快》、二十世纪福克斯的《冰河世纪》系列动画、梦工场的《怪物史瑞克》系列等。

近年来，国产三维动画发展迅速。中华文化博大精深，我国动画制作人深入挖掘，形成了中国独有的3D古风动画审美体系。从《大圣归来》到《哪吒之魔童降世》，再到《白蛇》系列动画，票房、讨论度的火爆都证明了国产三维动画发展进入黄金时代！

1.2 Maya 2022功能应用概述

（1）Maya 2022功能概述

作为优秀的三维制作工具，Maya功能完善、工作灵活、易学易用，制作效率极高，渲染真实感极强，是电影级别的高端制作软件。其售价高昂，声名显赫，是制作者梦寐以求的制作工具。掌握了Maya，会极大地提高制作效率和品质，调节出仿真的角色动画，渲染出电影般的真实效果（图1-1）。

查一查

Maya与3ds Max两款三维软件的功能区别。

Maya 2022可在Windows NT与SGI IRIX操作系统上运行。它集成了Alias、Wavefront、Autodesk公司最先进的动画技术。它不仅包括一般三维视觉效果制作的功能，而且还与最先进的建模、数字化布料模拟、毛发渲染、运动匹配技术相结合。

Maya 2022可以分为创建模型、渲染、动画、特效、材质着色、动态系统、虚拟影像七个功能模块（图1-2）。作为中职学阶（初学者）三维软件

图1-1　Maya在动画制作中的应用（图源：Autodesk官网）

图1-2　Maya在3D建模中的应用（图源：Autodesk官网）

教材，本书根据中职课程标准，将对基本建模、灯光、摄影机、材质、渲染、基本动画等模块做重点讲解。

（2）Maya 2022的应用领域

Maya2022功能全面，可以应用于动画制作、影视特效制作、广告与栏目包装、平面设计等工作领域。

1）动画制作

Maya 2022主要功能集中在动画制作领域。它既配备了先进的数字技术，又添置了许多制作动画的工具。若能熟练掌握此款软件的操作使用，就能在动画行业取得较大的发展（图1-3）。

图1-3　Maya在动画制作领域的运用（图源：Autodesk官网）

2）影视特效制作

Maya 2022在影视特效制作方面表现出色。它拥有较全面的功能，包括粒子效果、动画、视觉特效、视频合成等。相较之前版本，Maya 2022的Rigging工具更加完善。这些工具、功能可以让用户构建出更加复杂的角色模型，以便更加逼真地制作出影视特效。此外，Maya 2022还拥有丰富的插件，可以帮助用户更轻松地完成影视特效的制作（图1-4）。

图1-4　Maya在影视特效制作领域的运用（图源：Autodesk官网）

3）广告与栏目包装

Maya 2022的渲染功能可以为广告和栏目包装制作出高品质的图片或视频。这些图片或视频可以用来介绍产品，强化宣传效果。Maya 2022的其他功能也可以为广告和栏目包装的制作提供更多的创意可能性（图1-5）。

图1-5　Maya在广告与栏目包装领域的运用（图源：Autodesk官网）

4）平面设计

很多人对平面设计的理解仅局限于通过纸笔或在平面设计软件中完成的二维美术设计。事实上，现在越来越多的平面设计已经开始使用3D图像来更直观地表达设计理念，其效果在市场上非常受欢迎。因此，Maya 2022的特效建模技术非常适用于平面设计方向（图1-6）。

图1-6 Maya在平面设计领域的运用（图源：Autodesk官网）

Maya 2022软件的强大功能正是动画设计师、广告主、影视制片人、游戏开发者、视觉艺术设计家、网站开发人员极为推崇它的原因。Maya 2022将他们的作品质量提升到了更高的层次。

1.3 认识软件工作区域

Maya较普通美术软件复杂，在开展学习前，了解Maya的功能框架体系很有必要，这会使广大学习者感受到其科学性、严谨性和艺术性的魅力（图1-7）。

图1-7 Maya软件工作界面

（1）菜单集

Maya与其他软件的不同之处在于，Maya拥有众多功能模块，用户可以设置“菜单集”的类型（图1-8～图1-13），使Maya显示出对应的菜单命令，完成用户所需的工作。

图1-8　Maya“菜单集”类型选择界面

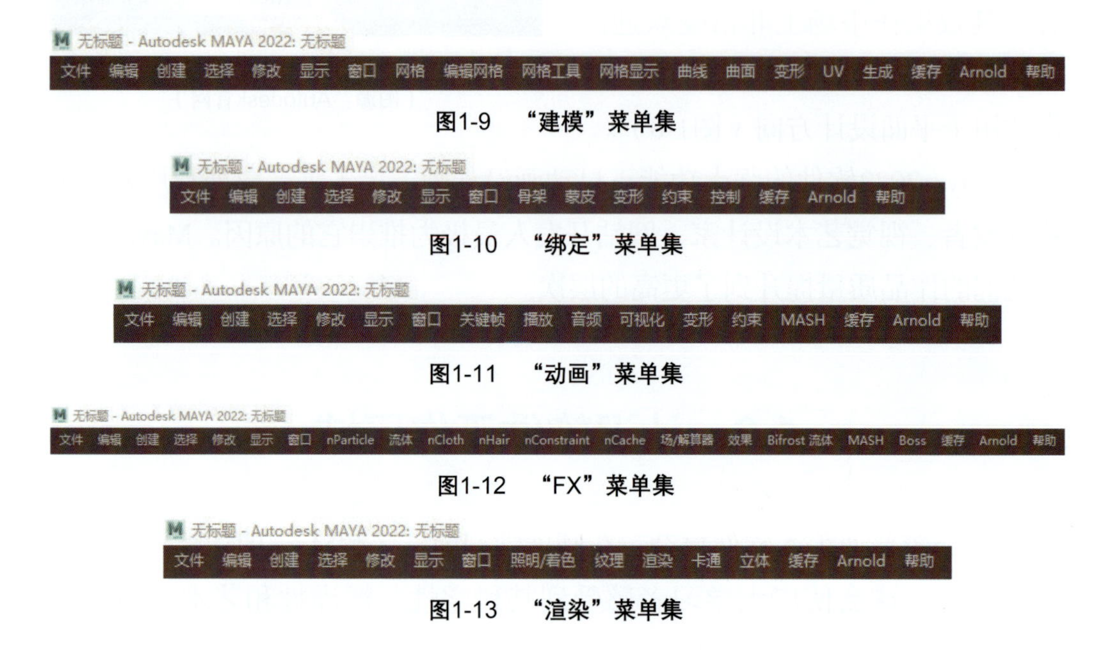

图1-9　“建模”菜单集

图1-10　“绑定”菜单集

图1-11　“动画”菜单集

图1-12　“FX”菜单集

图1-13　“渲染”菜单集

（2）状态工具栏

状态工具栏位于菜单栏下方，包含常用的工具。这些工具图标被垂直分隔线隔开，单击垂直分隔线可以展开和收拢图标组（图1-14）。

图1-14　Maya状态工具栏

（3）工具架

Maya根据命令的类型及作用分多个标签显示工具架。其中，每个标签中包含了对应的常用命令图标。直接单击不同工具架中的标签名称，即可快速切换至相应的工具架（图1-15～图1-27）。

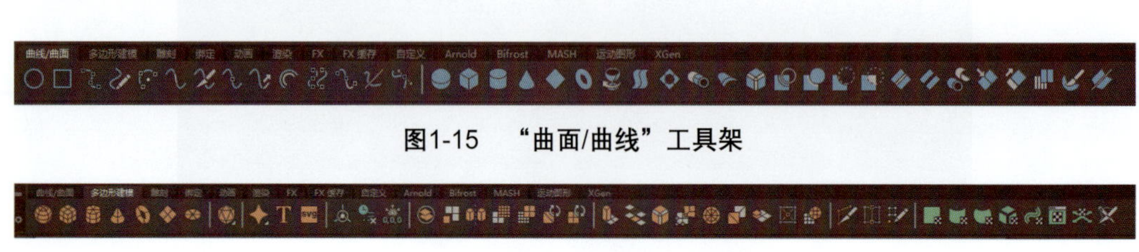

图1-15　“曲面/曲线”工具架

图1-16　“多边形建模”工具架

图1-17　“雕刻”工具架

图1-18　“绑定”工具架

图1-19　“动画”工具架

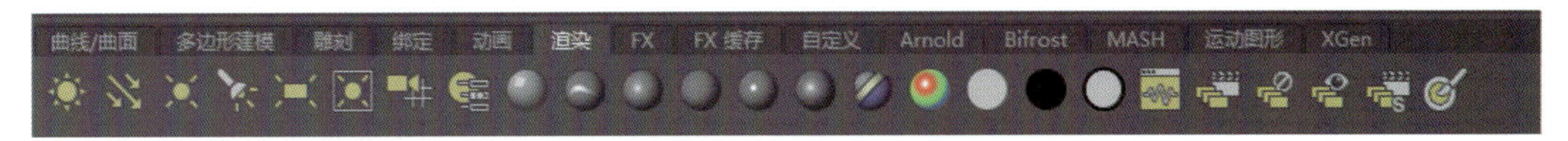

图1-20　“渲染”工具架

图1-21　“FX”工具架

图1-22　“FX缓存”工具架

图1-23　“Arnold”工具架

图1-24　“Bifrost”工具架

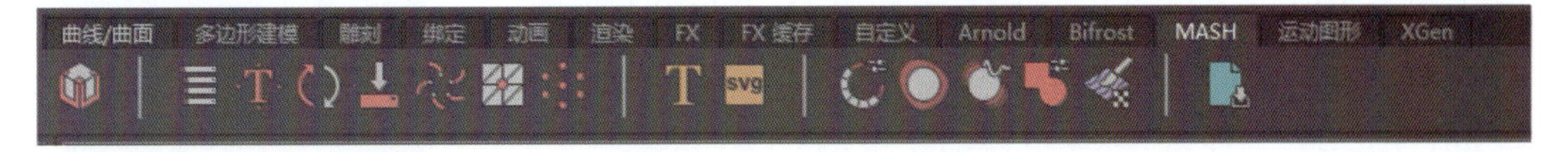

图1-25　“MASH”工具架

图1-26　“运动图形”工具架

图1-27　“XGen”工具架

（4）工具箱

工具箱位于Maya 2022界面的左侧，主要包含可以进行操作的常用工具（图1-28）。

（5）“视图”面板

“视图”面板是便于用户查看场景中模型对象的区域，既可以显示为一个视图，也可以显示为多个视图，包括顶视图（top）、前视图（front）、透视视图（persp）等，如图1-29所示。透视视图是常用视图，可以通过改变透视视图的位置和角度，调整视口，直观地查看场景中的物体。使用者也可以通过顶视图、前视图等坐标视图观察、调整模型，从而使3D作品更加标准、精确。

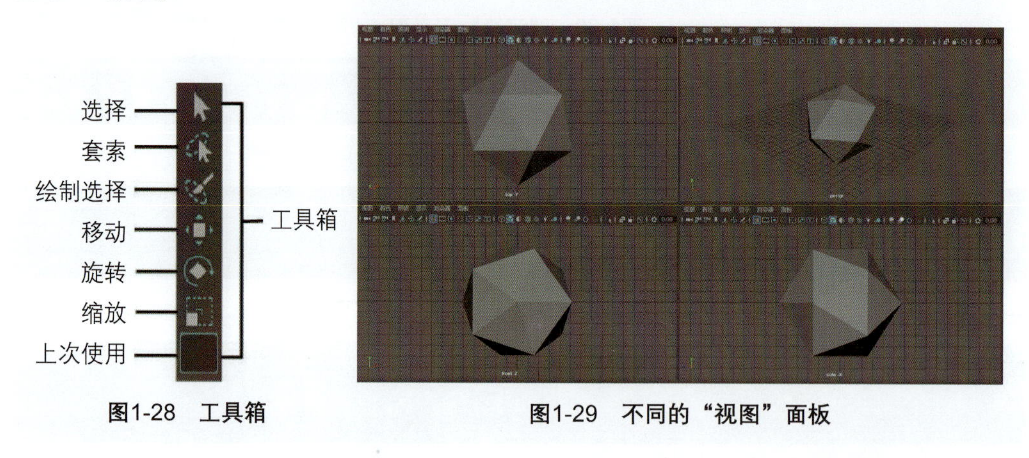

图1-28　工具箱　　　　图1-29　不同的“视图”面板

（6）“工作区”选择器

“工作区”可以理解为多种窗口、面板和其他界面选项，根据不同的工作需要形成的一种排列组合（图1-30）。Maya允许用户根据自己的喜好随意更改当前工作区，如打开/关闭/移动窗口、面板和其他UI元素，以及停靠/取消停靠窗口和面板，创建属于自己的自定义工作区。此外，Maya还为用户了提供了多种工作区的显示模式，这些不同的工作区可以为三维影像工作者提供便利。

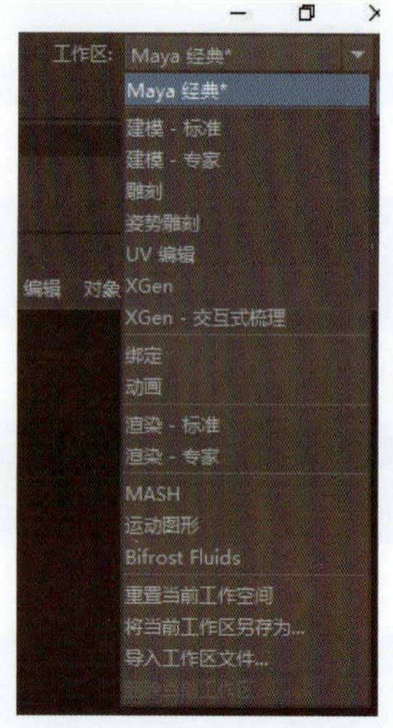

图1-30　“工作区”选择器

（7）“建模工具包”面板

“建模工具包”面板是Maya为用户提供的一个便于进行多边形建模的命令集合面板（图1-31）。通过这一面板，用户可以很方便地切换到多边形的顶点、边、面和UV模式对模型进行修改编辑。

（8）“属性编辑器”面板

“属性编辑器”面板主要用来修改物体的自身属性，与“通道盒/层编辑器”面板的功能类似，但“属性编辑器”面板为用户提供了更加全面、完整的节点命令和图形控件（图1-32）。

（9）“通道盒/层编辑器”面板

“通道盒/层编辑器”面板位于Maya 2022界面的右侧，与“建模工具包”面板和“属性编辑器”面板排列在一起，是用于编辑对象属性的主要工具（图1-33）。它允许用户快速精准地更改属性值。制作基础动画时，可以利用该工具对关键帧进行设置。

图1-31 “建模工具包”面板

图1-32 “属性编辑器”面板

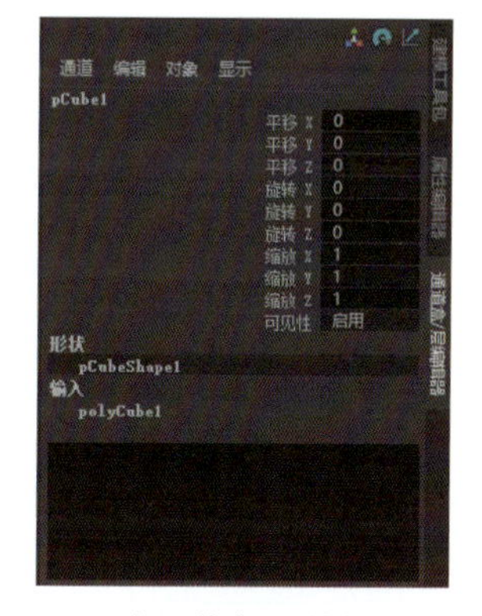

图1-33 “通道盒/层编辑器”面板

（10）“播放控件”

“播放控件”是一组播放动画和编辑动画的按钮，播放范围显示在时间滑块中（图1-34）。

（11）“命令行”和“帮助行”

如图1-35所示，Maya 2022界面的最下方是“命令行”和“帮助行”。“命令行”的左侧区域用于输入单个MEL命令，右侧区域用于提供反馈。如果用户熟悉Maya的MEL脚本语言，则可以使用这些区域。“帮助行”主要显示工具和菜单项的简短描述，以及提示用户使用工具或完成工作所需的步骤。

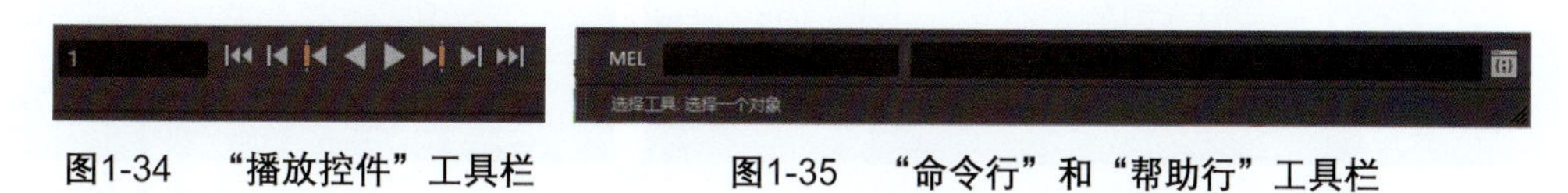

图1-34 “播放控件”工具栏　　图1-35 “命令行”和“帮助行”工具栏

1.4 任务实例

任务实例1 创建、存储工程文件

任务描述 使用Maya 2022软件创建工程文件。

任务分析 文件存储是项目工程的重要工作步骤，它影响项目工作的连续性。软件操作过程中，经常性的储存文件是良好的工作习惯。

任务操作

1）创建工程文件

步骤1 启动中文版Maya 2022，系统会直接新建一个场景。

步骤2 单击菜单栏“文件”>“新建场景”命令后面的方块，打开“新建场景选项”面板（图1-36）。

2）保存工程文件

打开文件命令，分别尝试“保存场景”“场景另存为”“递增并保存”“归档场景”等具体功能（图1-37）。

▶教学微视频◀

注意：

- 大型文件应尽量避免存储在桌面上。
- 文件命名要规范，以方便使用者和团队交流使用。

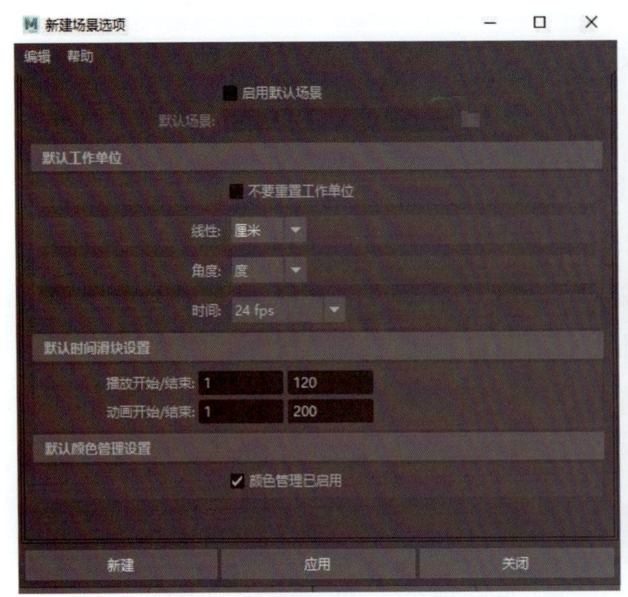

图1-36 “新建场景选项”面板

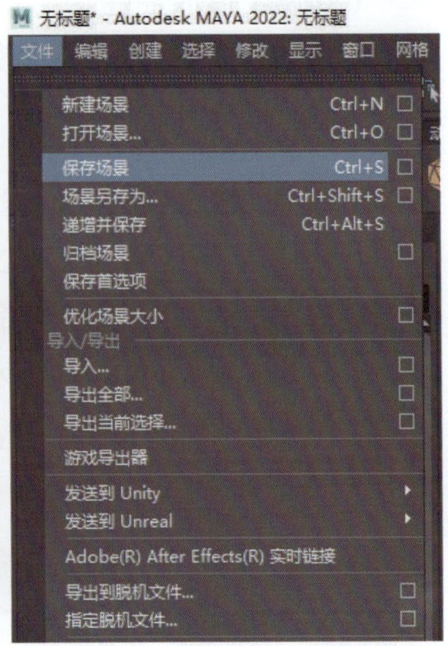

图1-37 “保存场景”指令界面

学习考评单

<table>
<tr><td colspan="3">工作任务：创建、存储工程文件</td><td colspan="3">制作时间：　分钟</td></tr>
<tr><td>任务操作
步骤概述</td><td colspan="5"></td></tr>
<tr><td>反馈项目</td><td>自评</td><td>互评</td><td>师评</td><td colspan="2">努力方向、改进措施</td></tr>
<tr><td>操作过程
（单选）</td><td>熟练□
不熟练□
不准确□</td><td>熟练□
不熟练□
不准确□</td><td>熟练□
不熟练□
不准确□</td><td colspan="2"></td></tr>
<tr><td>制作效果
（单选）</td><td>美观□
相似□
差异大□</td><td>美观□
相似□
差异大□</td><td>美观□
相似□
差异大□</td><td colspan="2"></td></tr>
<tr><td>职业素养
（可多选）</td><td>态度认真严谨□
沟通交流有效□
善于观察总结□</td><td>态度认真严谨□
沟通交流有效□
善于观察总结□</td><td>态度认真严谨□
沟通交流有效□
善于观察总结□</td><td colspan="2"></td></tr>
<tr><td>学生签字</td><td></td><td>组长签字</td><td></td><td>教师签字</td><td></td></tr>
</table>

任务实例2　选择对象

任务描述　在Maya 2022软件中创建几何体，并利用软件提供的多种选择方式进行选择操作。

任务分析　选择操作是Maya的基本操作，是进行各层级编辑的前提。

▶教学微视频◀

任务操作：

步骤1　启动中文版Maya 2022软件，单击“多边形建模”工具架上的“多边形球体”图标（图1-38）。

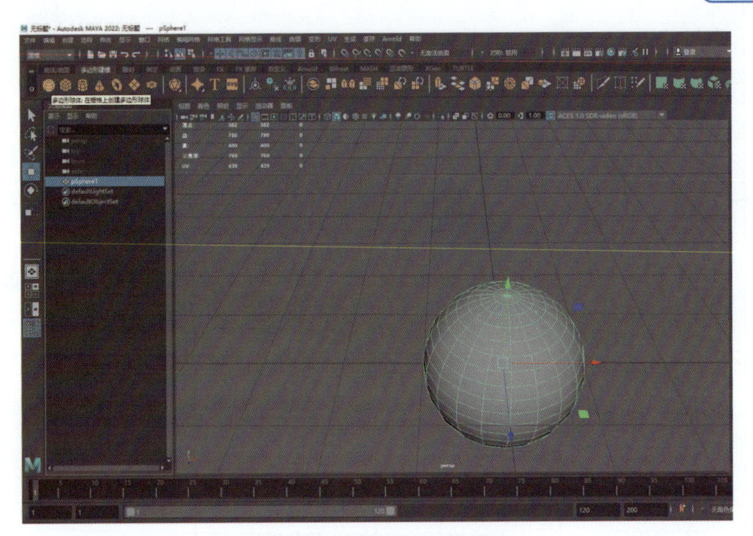

图1-38　创建多边形球体

步骤2　在场景中创建3个球体模型（图1-39）。

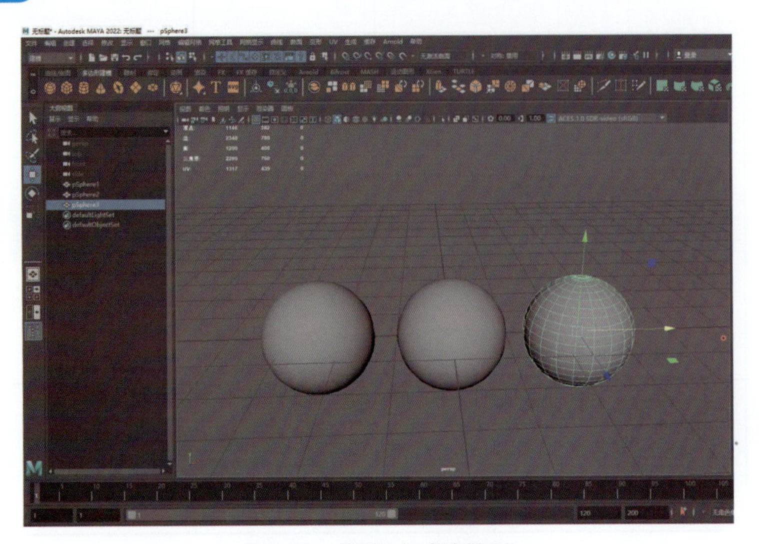

图1-39　创建3个球体模型

步骤3 选中这3个球体模型，执行菜单栏的“编辑”>“分组”命令，即可将所选择的对象设置为一个组合（图1-40）。

步骤4 在“大纲视图”面板中，可以看到成组后场景中各个对象之间的层级关系（图1-41）。

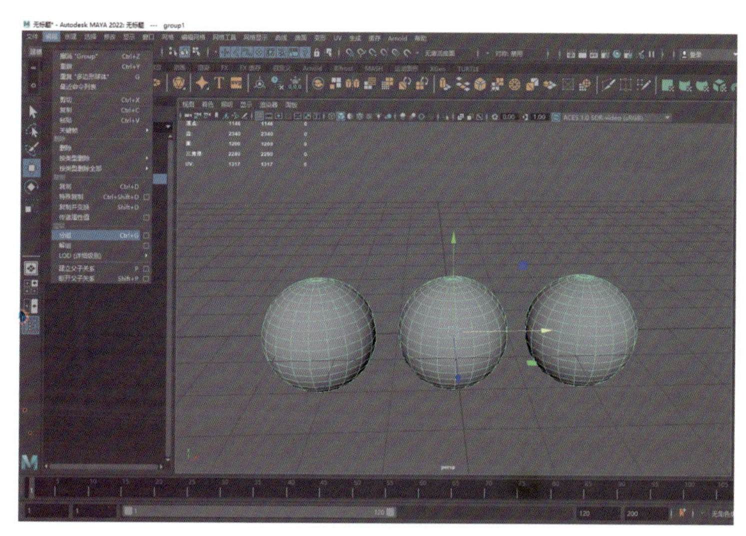

图1-40 组合多边形球体

图1-41 “大纲视图”面板

步骤5 如图1-42所示，依次单击“状态工具栏”中的“按层次和组合选择”、“按对象类型选择”和“按组件类型选择”这3个图标，观察场景中球体模型的选择状态。

步骤6 按“B键”，开启“软选择”模式，再次查看球体模型上顶点的选择状态（图1-43）。

图1-42 状态工具栏

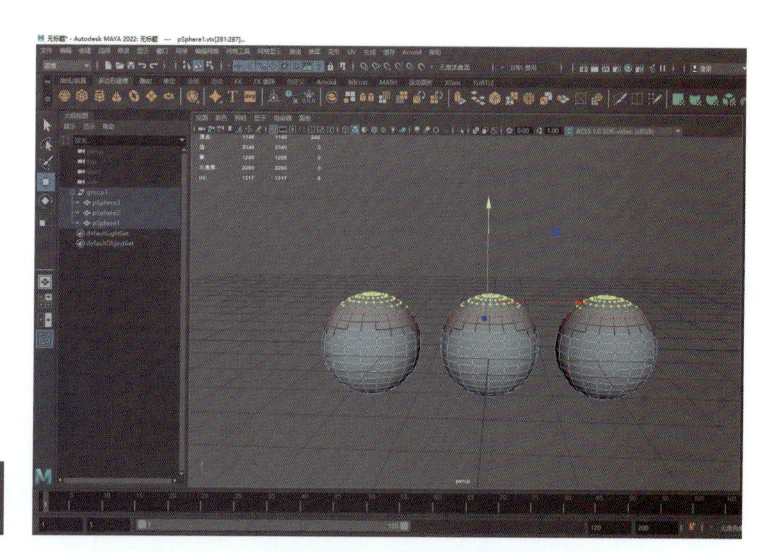

图1-43 在“软选择”模式下查看球体模型顶点

学习考评单

<table>
<tr><td colspan="3">工作任务：选择对象</td><td colspan="3">制作时间：　分钟</td></tr>
<tr><td>任务操作
步骤概述</td><td colspan="5"></td></tr>
<tr><td>反馈项目</td><td>自评</td><td>互评</td><td>师评</td><td colspan="2">努力方向、改进措施</td></tr>
<tr><td>操作过程
（单选）</td><td>熟练□
不熟练□
不准确□</td><td>熟练□
不熟练□
不准确□</td><td>熟练□
不熟练□
不准确□</td><td colspan="2"></td></tr>
<tr><td>制作效果
（单选）</td><td>美观□
相似□
差异大□</td><td>美观□
相似□
差异大□</td><td>美观□
相似□
差异大□</td><td colspan="2"></td></tr>
<tr><td>职业素养
（可多选）</td><td>态度认真严谨□
沟通交流有效□
善于观察总结□</td><td>态度认真严谨□
沟通交流有效□
善于观察总结□</td><td>态度认真严谨□
沟通交流有效□
善于观察总结□</td><td colspan="2"></td></tr>
<tr><td>学生签字</td><td></td><td>组长签字</td><td></td><td>教师签字</td><td></td></tr>
</table>

任务实例3　变换对象

任务描述 在Maya 2022软件中对几何体进行“变换操作”。

任务分析 “变换操作”工具包括“移动工具”、“旋转工具”和“缩放工具”，分别可以改变对象的位置、方向和大小。

任务操作：

步骤1 新建一个球体（图1-44）。

步骤2 使用移动快捷键“W”，将球体向左移动（图1-45）。

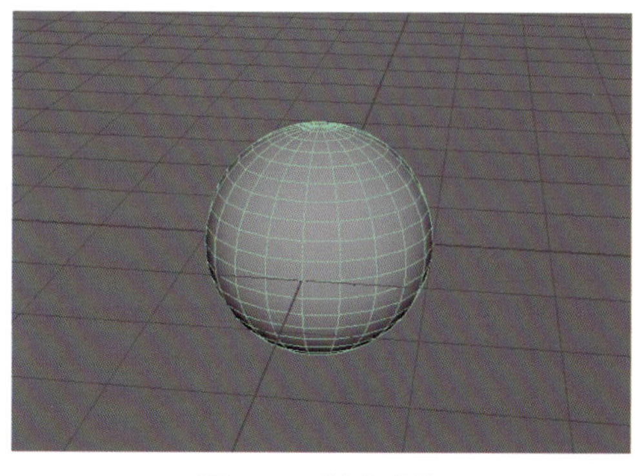

图1-44　创建球体

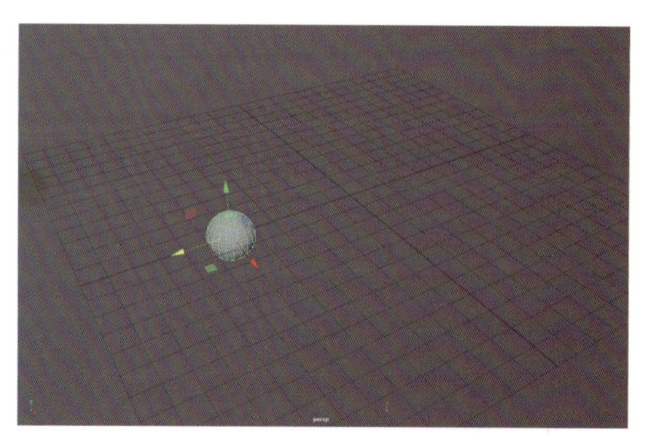

图1-45　将球体向左移动

步骤3 使用旋转快捷键“E”，将球体旋转（图1-46）。

步骤4 使用缩放快捷键“R”，将球体放大（图1-47）。

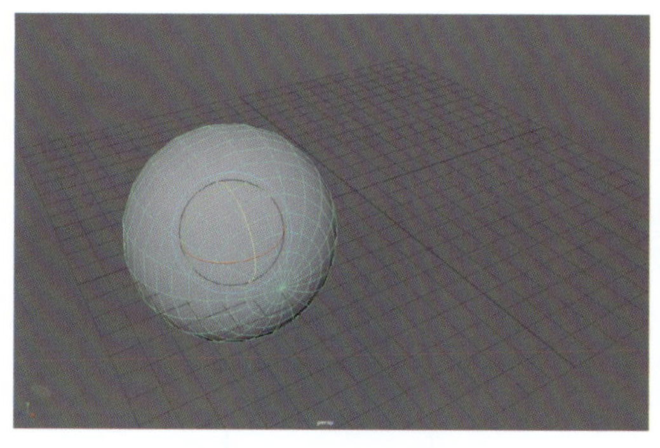

图1-46　将球体旋转

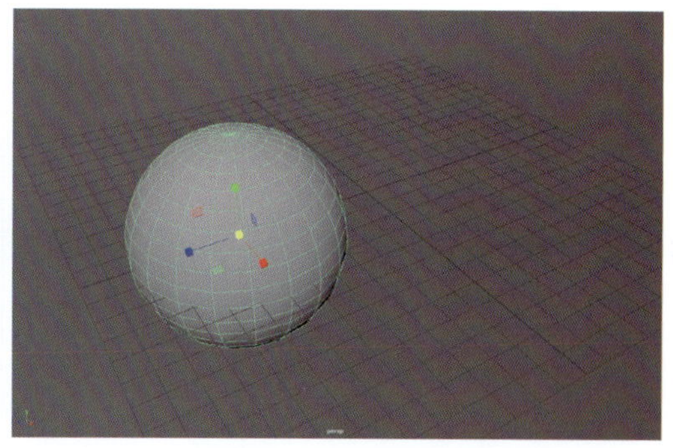

图1-47　将球体放大

学习考评单

<table>
<tr><td colspan="3">工作任务：变换对象</td><td colspan="3">制作时间：　分钟</td></tr>
<tr><td>任务操作步骤概述</td><td colspan="5"></td></tr>
<tr><td>反馈项目</td><td>自评</td><td>互评</td><td>师评</td><td colspan="2">努力方向、改进措施</td></tr>
<tr><td>操作过程（单选）</td><td>熟练□
不熟练□
不准确□</td><td>熟练□
不熟练□
不准确□</td><td>熟练□
不熟练□
不准确□</td><td colspan="2"></td></tr>
<tr><td>制作效果（单选）</td><td>美观□
相似□
差异大□</td><td>美观□
相似□
差异大□</td><td>美观□
相似□
差异大□</td><td colspan="2"></td></tr>
<tr><td>职业素养（可多选）</td><td>态度认真严谨□
沟通交流有效□
善于观察总结□</td><td>态度认真严谨□
沟通交流有效□
善于观察总结□</td><td>态度认真严谨□
沟通交流有效□
善于观察总结□</td><td colspan="2"></td></tr>
<tr><td>学生签字</td><td></td><td>组长签字</td><td></td><td>教师签字</td><td></td></tr>
</table>

任务实例4　特殊复制

任务描述 在Maya 2022软件中对几何体进行“特殊复制”。

任务分析 “特殊复制”命令可以在预先设置好的变换属性下对物体进行复制。如果希望复制出来的物体与原物体属性关联，那么也需要使用此命令。

任务操作:

步骤1 新建一个圆柱体（图1-48）。

步骤2 点击左上角面板中的“编辑”>“特殊复制”（图1-49）。

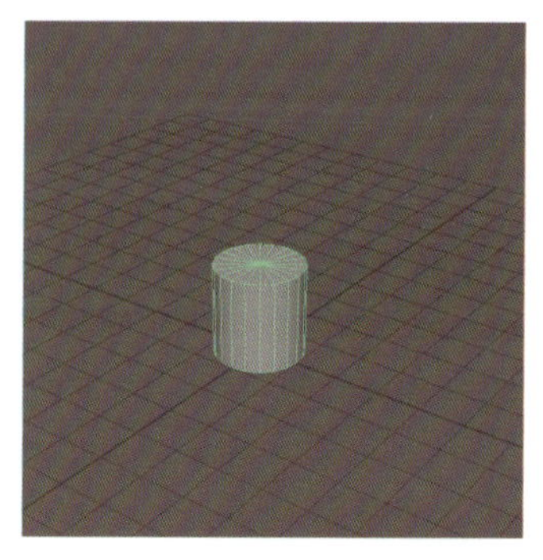

图1-48　新建一个圆柱体

图1-49　“特殊复制”指令

步骤3 在“特殊复制选项”面板调整参数，之后点击“应用”（图1-50）。

步骤4 复制完成后效果如图1-51所示。

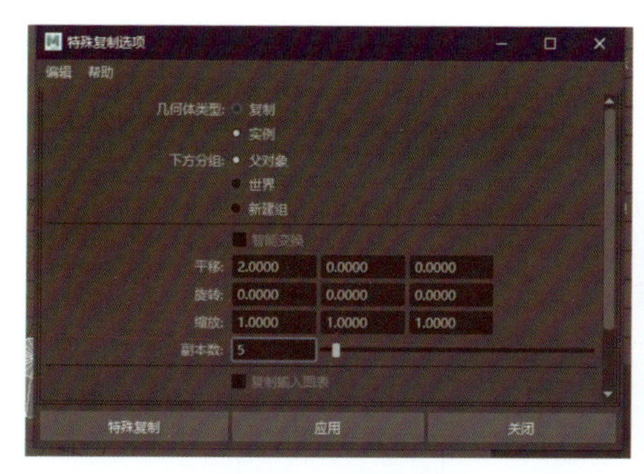

图1-50　调整参数

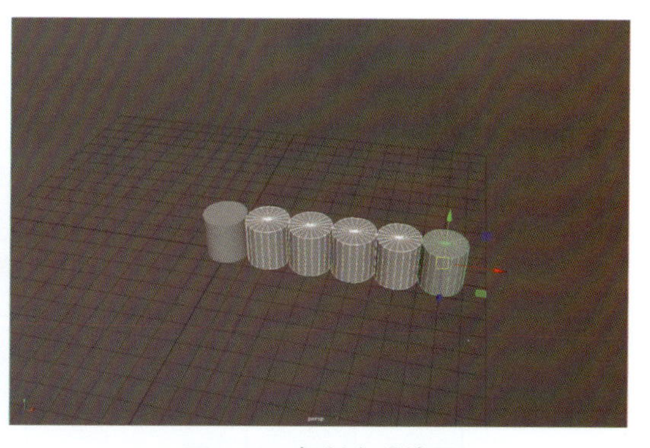

图1-51　复制完成效果

学习考评单

<table>
<tr><td colspan="3">工作任务：特殊复制</td><td colspan="3">制作时间：　分钟</td></tr>
<tr><td>任务操作
步骤概述</td><td colspan="5"></td></tr>
<tr><td>反馈项目</td><td>自评</td><td>互评</td><td>师评</td><td colspan="2">努力方向、改进措施</td></tr>
<tr><td>操作过程
（单选）</td><td>熟练□
不熟练□
不准确□</td><td>熟练□
不熟练□
不准确□</td><td>熟练□
不熟练□
不准确□</td><td colspan="2"></td></tr>
<tr><td>制作效果
（单选）</td><td>美观□
相似□
差异大□</td><td>美观□
相似□
差异大□</td><td>美观□
相似□
差异大□</td><td colspan="2"></td></tr>
<tr><td>职业素养
（可多选）</td><td>态度认真严谨□
沟通交流有效□
善于观察总结□</td><td>态度认真严谨□
沟通交流有效□
善于观察总结□</td><td>态度认真严谨□
沟通交流有效□
善于观察总结□</td><td colspan="2"></td></tr>
<tr><td>学生签字</td><td></td><td>组长签字</td><td></td><td>教师签字</td><td></td></tr>
</table>

知识巩固

一、选择题

1. Maya 2022与3ds Max2022是同一公司的产品，它们都能用于模型制作。该描述是（ ）

   A. 正确的　　　　B. 错误的

2. Maya 2022的应用领域对象包括（ ）

   A. 专业的影视广告　　　　B. 影视动画　　　　C. 电影特技

3. Maya 2022可以分为哪几个功能模块（ ）

   A. 创建模型、角色绑定、动画、动力学、程序脚本开发、绘制和Paint Effects、着色和渲染

   B. 创建模型、角色绑定、动画、动力学、流体和其他模拟效果、绘制和程序开发、照明、渲染

   C. 创建模型、渲染、动画、特效、材质着色、动态系统、虚拟影像

4. Maya 2022不允许用户根据自己的喜好随意更改当前工作区。该描述是（ ）

   A. 正确的　　　　B. 错误的

5. 使用Maya 2022状态工具栏选择物体，有哪些选择方式（ ）

   A. 按层次和组合选择

   B. 按对象类型选择

   C. 按组件类型选择

二、填空题

1. “变换操作”可改变对象的________，但不会改变其________。
2. Maya的工具箱为用户提供了____________这3种用于变换对象操作的工具。
3. 使用________命令可在预先设置好的变换属性下对物体进行复制，其与原物体属性相关联。

▶ 模块1 ◀
知识巩固答案

模块2 曲面建模

曲面建模是3D建模两大流行建模方式之一，另一种是多边形建模。这种建模方式是由曲线组成曲面，再由曲面组成立体模型。曲线上有控制点可以控制曲线曲率、方向、长短。曲面建模具有曲线平滑和节点少的特性，广泛运用于动画、游戏、科学可视化和工业设计等领域。

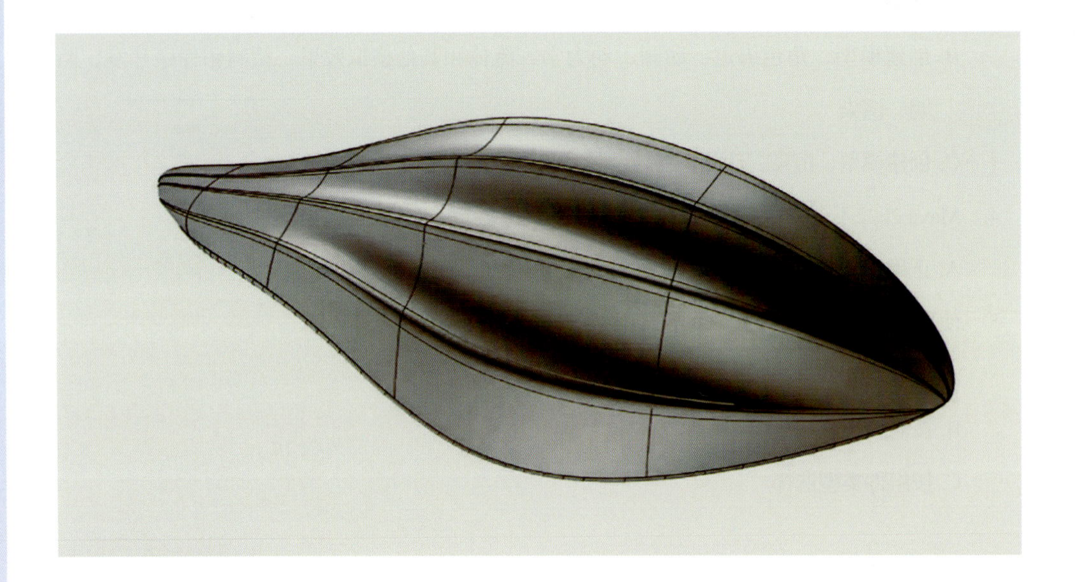

学习目标

- 了解曲线建模原理
- 掌握曲线的创建、编辑方法
- 掌握NURBS基本体的创建、编辑方法
- 具有良好的观察、创造能力
- 养成良好的工作态度、精益求精的工匠精神

2.1 曲面建模概述

曲面建模也称为NURBS建模，是专门做曲面物体的一种造型方法。NURBS是Non-Uniform Rational B-Splines的缩写，意为“非统一均分有理性B样条”。

知识拓展

NURBS 名词的具体解释：

Non-Uniform（非均匀），是指曲线的控制点的控制力能够改变。当创建一个不规则曲面的时候这一点非常有用。同样，统一的曲线和曲面在透视投影下也不是无变化的，对于交互的3D建模来说这是一个严重的缺陷。

Rational（有理），是指每个NURBS物体都可以用数学表达式来定义。

B-Spline（B样条曲线），一种数学曲线，也叫作B样条曲线或B样条函数，是一种由给定的控制点组成的曲线。它是由贝塞尔曲线的概念发展而来的，它的曲线节点可以被控制，而贝塞尔曲线的曲线节点是不可控制的。B样条曲线的优点是，可以有效地拟合复杂的曲线，而且它的拟合程度可以很容易地通过更改控制点来控制，这使得它非常适合用来表达复杂的几何图形。

利用Maya 2022的“曲线/曲面”工具架中的工具集合，一般有两种工作思路创建曲面模型。

一是通过创建曲线的方式来构建曲面的基本轮廓，并配以相应的命令来生成模型（图2-1）。

图2-1　曲线工具

二是通过创建曲面基本体的方式来绘制简单的三维对象，然后再使用相应的工具修改其形状来获得所要表达的几何形体（图2-2）。

图2-2　曲面工具

2.2 曲线工具

在Maya 2022中曲线工具多用于辅助建模，通过曲线工具的组合使用来创建图形，创建简单的模型。

Maya 2022提供了多种曲线工具方便用户使用，一些常用的跟曲线有关的工具可以在“曲线/曲面”工具架上找到（图2-3）。

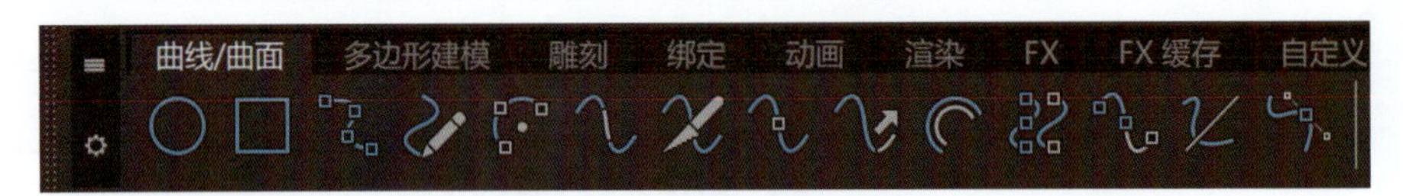

图2-3　“曲线/曲面”面板

（1）“曲线/曲面”工具

点击选择该工具后就会在Maya界面生成一个圆形或者四边形曲线，选择曲线即可拖动或者编辑所创建的曲线或曲面（图2-4、图2-5）。

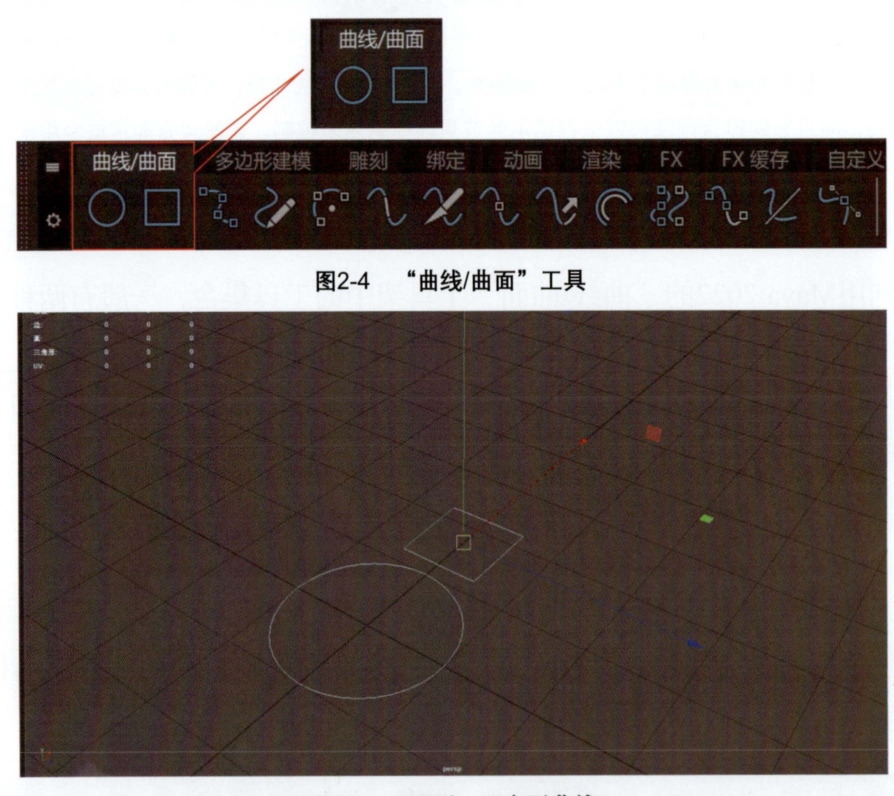

图2-4　“曲线/曲面”工具

图2-5　正圆形、正方形曲线

（2）“EP曲线”工具

单击“EP曲线”工具图标，即可在场景中以鼠标单击创建编辑点的方式来绘制曲线。绘制完成后，需要按下“回车键”来结束曲线绘制操作

（图2-6）。曲线的点数越高，曲线越平滑。默认设置适用于大多数曲线。选择曲线，单击鼠标右键即可编辑所绘制曲线的各项数值以达到想要的效果（图2-7）。

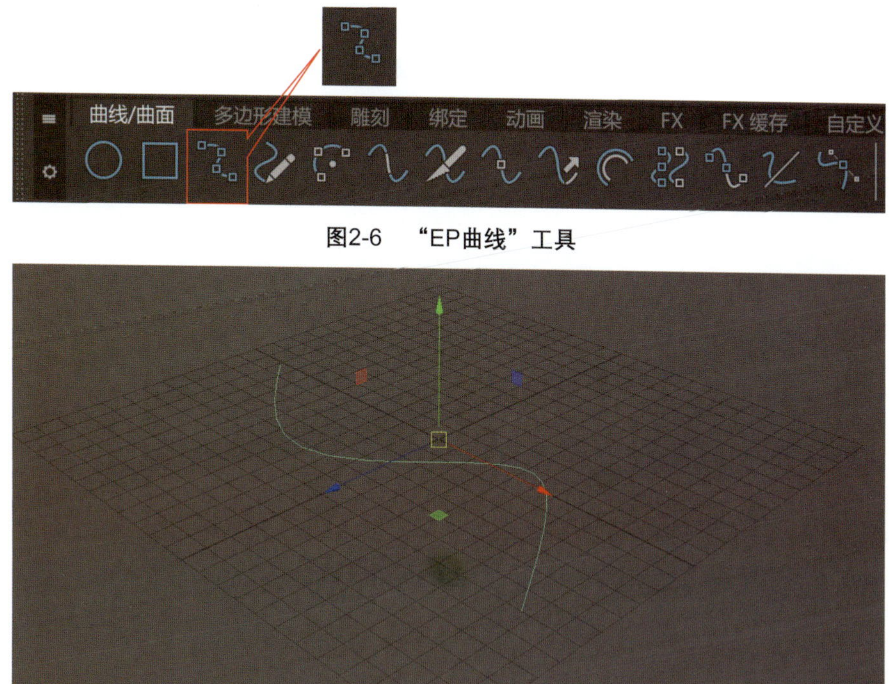

图2-6 “EP曲线”工具

图2-7 EP曲线

（3）“铅笔曲线”工具

如图2-8所示，点击工具直接在视图窗口中拖动鼠标不松开，就可以在栅格面上创建一根曲线。按下“回车键”退出“铅笔曲线”工具。

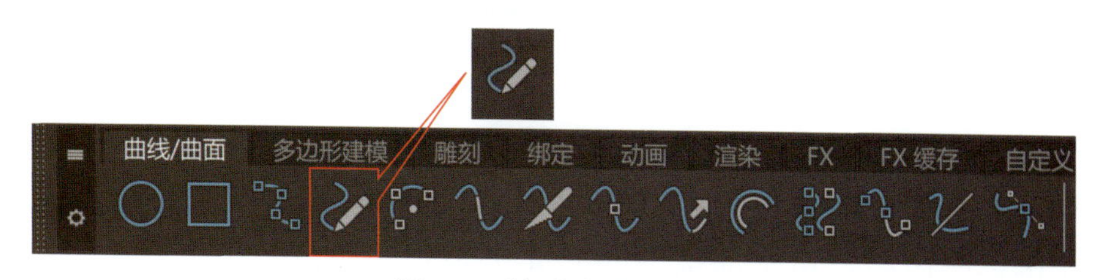

图2-8 “铅笔曲线”工具

（4）“三点圆弧”工具

单击“曲线/曲面”工具架中的“三点圆弧”工具图标（图2-9），即可在场景中以鼠标单击创建编辑点的方式来绘制圆弧曲线（图2-10）。绘制完成后，需要按下“回车键”来结束曲线绘制操作。

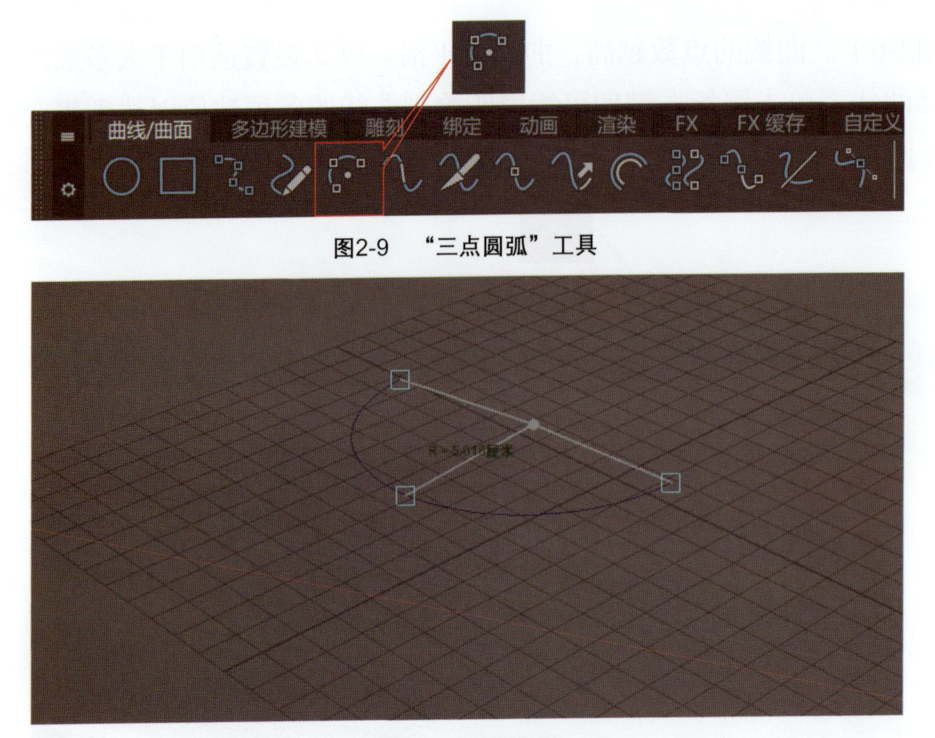

图2-9　“三点圆弧”工具

图2-10　三点圆弧

（5）“附加曲线”工具

如图2-11所示，选中两条曲线，点击“附加曲线”工具，即可将两条曲线连接在一起。

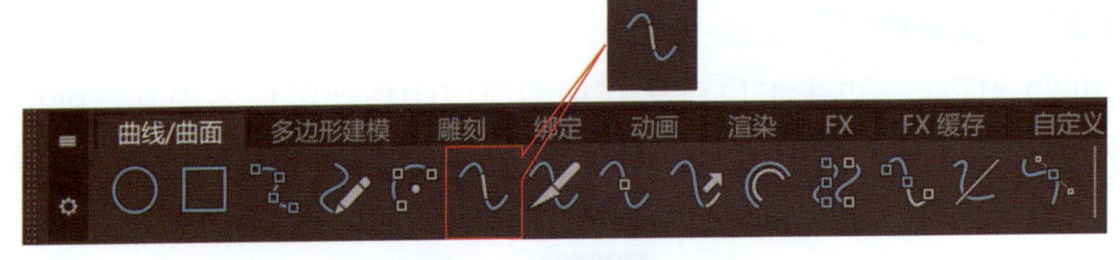

图2-11　“附加曲线”工具

（6）“贝塞尔（Bezier）曲线”工具

单击“曲线/曲面”工具架中的“贝塞尔曲线”工具图标（图2-12），即可在场景中以鼠标单击或拖动的方式来绘制曲线。绘制完成后，需要按下“回车键”结束曲线绘制操作（图2-13）。这一绘制曲线的方式与在3ds Max中绘制线的方式一样。

图2-12　“贝塞尔曲线”工具

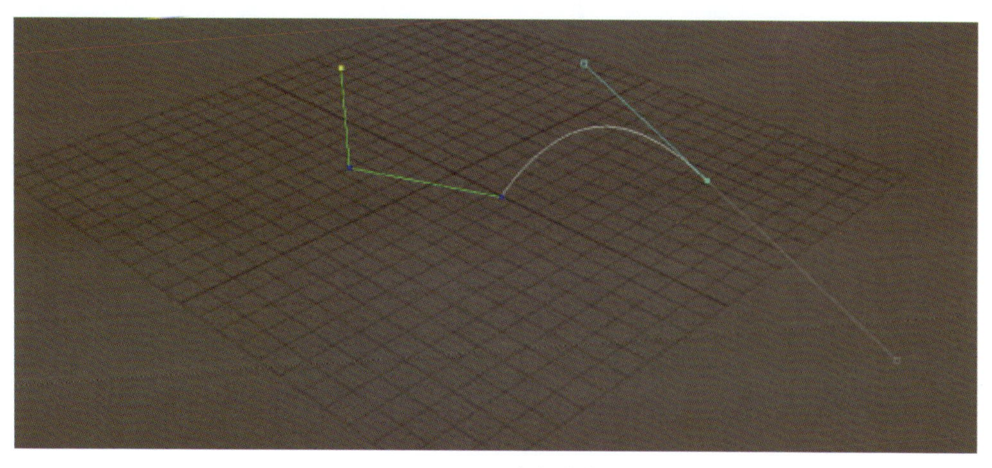

图2-13 贝塞尔曲线

知识拓展

贝赛尔曲线由法国数学家贝塞尔发明，它为计算机矢量图形学奠定了基础。它的主要意义在于，无论是直线或曲线都能在数学上予以描述。贝赛尔曲线广泛应用于美术应用软件（An、Ps、Ai、3ds Max、Maya等）的数学曲线，An和Ps软件中的钢笔工具就是利用贝赛尔曲线绘制矢量曲线的。贝赛尔曲线通过控制曲线上的四个点（起始点、终止点以及两个相互分离的中间点）来创造、编辑图形。

2.3 曲面工具

Maya 2022内设多种基本几何形体的曲面工具供用户选择、使用，一些常用的跟曲面有关的工具可以在“曲线/曲面”工具架上的后半部分找到（图2-14）。

图2-14 曲面工具

曲面模型有很多类型，分别是圆球体、立方体、圆柱体、方片、圆管等。点击相应的曲面就能生成相应的曲面模型（图2-15）。

图2-15　曲面模型

曲面模型的创建有两种方法，第一种就是上文提到的直接点击相应的图标进行创建。在这里着重要讲的是第二种方法：对“创建”菜单里的“NURBS基本体”进行属性修改并创建。

点击需要创建的曲面基本体后的方框会弹出相应的属性菜单（图2-16）。

如图2-17所示，因为每一个曲面基本体需要调整的属性基本雷同，在这里就以最基础的圆球体、立方体以及圆柱体为例对其特性进行讲解。

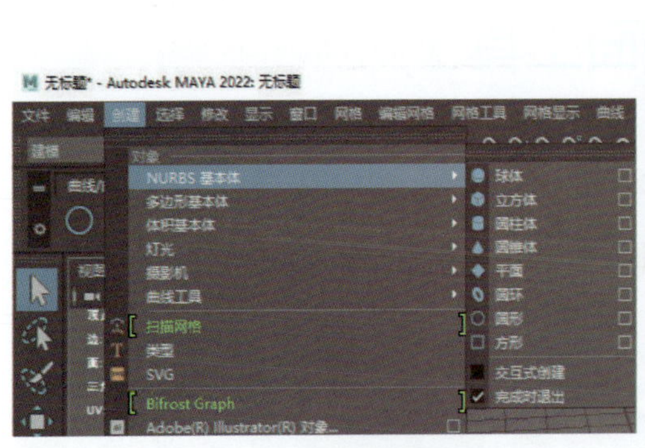

图2-16　“NURBS基本体”

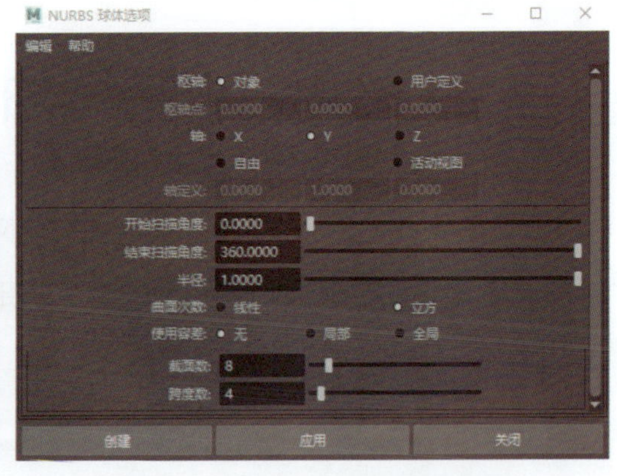

图2-17　NURBS基本体属性菜单

（1）NURBS圆球基本体

单击“曲线/曲面”工具中的球体图标，可在场景中创建一个NURBS圆球体。如果要对球体进行固定角度切分创建，例如90度，只需要将它的“结束扫描度数”设置为90度，然后点击“应用”就会得到如图2-18所示的曲面（左边为基础圆球体，右边为固定角度切分创建的NURBS球体）。

如图2-19所示，选择Y轴，所创建的曲面会沿着Y轴方向旋转90度，也可以根据实际情况选择X轴或者Z轴。

如图2-20所示，假如需要将曲线中间所成的面都变成平面，只需要将“曲面次数”设置为“线性”，然后点击“应用”，就会得到图2-21右图所示的曲面基本体，这样创建出来的球体表面就是平面效果的。

NURBS圆球体还提供了截面数和跨度数参数设置。截面数指围绕着轴的一圈的细分段数。跨度数指沿着轴的方向的细分段数。

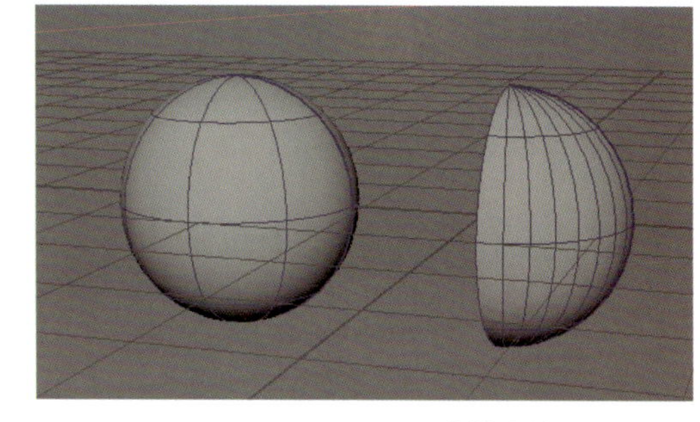

图2-18　NURBS圆球基本体

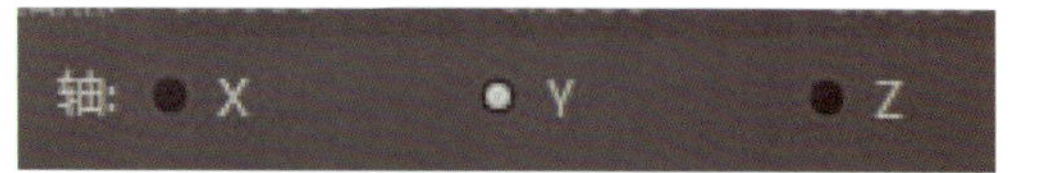

图2-19　NURBS基本体属性菜单中“轴”的设置

曲面次数: 线性　立方

图2-20　“曲面次数”设置面板

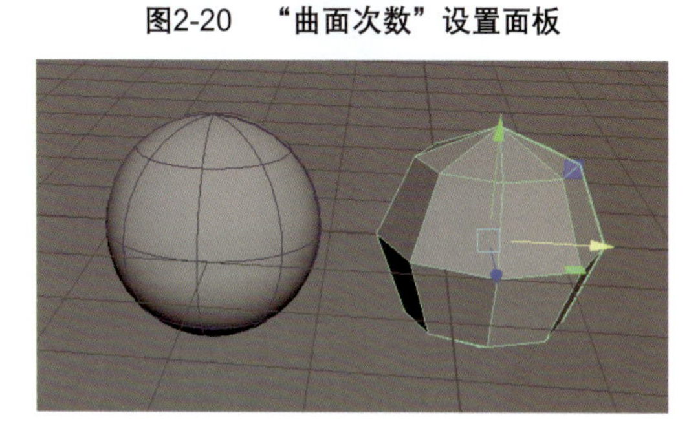

图2-21　曲面次数设置前后的效果

（2）NURBS立方基本体

单击“曲线/曲面”工具中的立方体图标，即可在场景中创建一个NURBS立方体。假如需要自定义尺度的立方体，可以在“NURBS立方体选项”面板预先设置立方体的长度、高度与宽度（图2-22）。如果需要增加立方体的细分段数，可以设置其U面片（水平面片）以及V面片（垂直面片）的细分段数。图2-23为将两个面片细分段数改为4的立方体（右图）与基础立方体（左图）的对比。

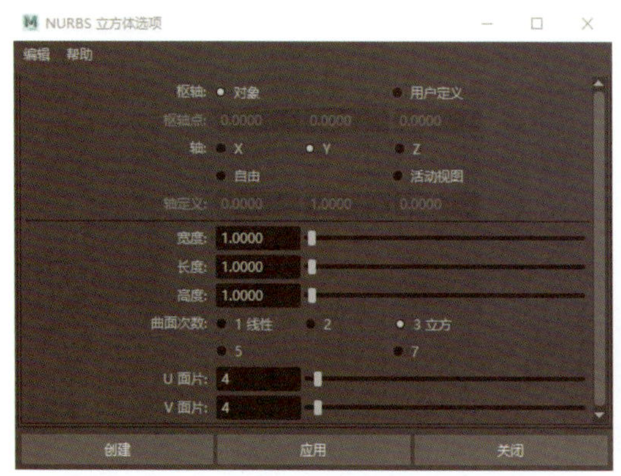

图2-22　“NURBS立方体选项”面板

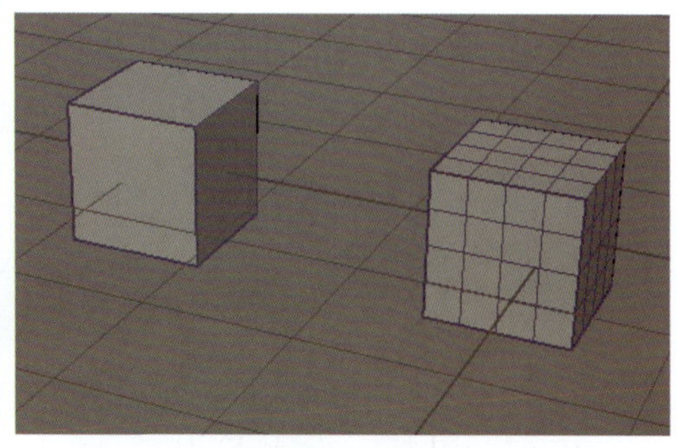

图2-23　设置NURBS立方体不同面片细分段数效果对比

（3）NURBS圆柱基本体

单击“曲线/曲面”工具中的圆柱体图标，即可在场景中创建一个NURBS圆柱体。默认创建的圆柱体的两端是没有封口的（图2-24）。

如果需要将这个圆柱封口，在“封口”选项中按需选择，这里仅展示封闭底面的效果（图2-25、图2-26）。

图2-25 NURBS圆柱体封口选项

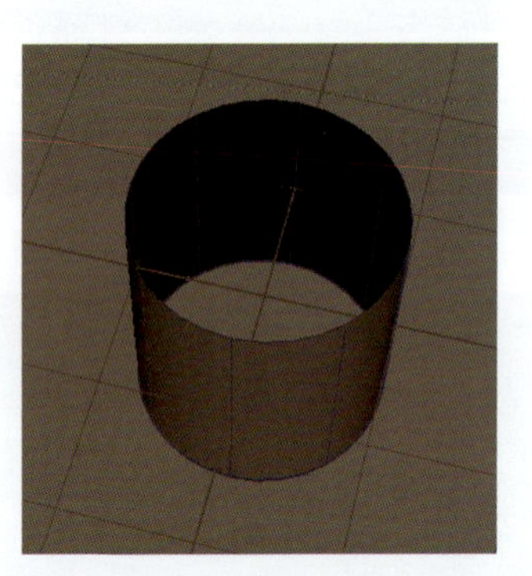

图2-24 默认创建的NURBS圆柱体没有封口

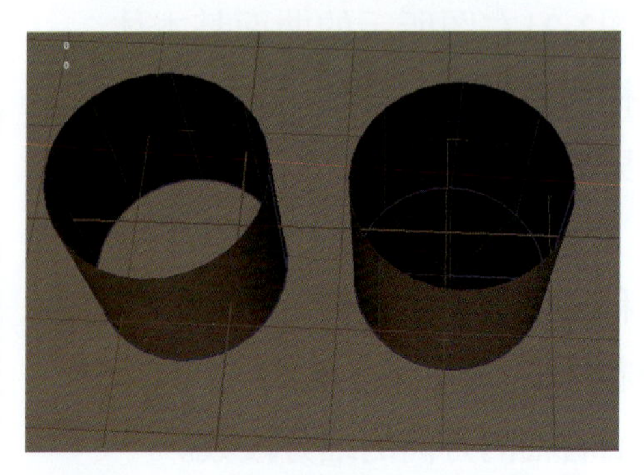

图2-26 NURBS圆柱体有无封口的区别

2.4 曲面建模基本原则

曲面建模不同于实体建模，其建模方式不能完全参数化。在曲面建模时，需要注意以下几个基本原则。

① 创建曲面的边界曲线尽可能简单。一般情况下，曲线阶次不大于3。当需要曲率连续时，可以考虑使用五阶曲线。

② 用于创建曲面的边界曲线要保持光滑连续，避免产生尖角、交叉和重叠。另外在创建曲面时，需要对所利用的曲线进行曲率分析，曲率半径尽可能大，否则会造成加工困难和形状复杂。

③ 避免创建非参数化曲面特征。

④ 曲面要尽量简洁，面尽量做大。对不需要的部分要进行裁剪。曲面的张数要尽量少。

⑤ 根据不同部件的形状特点，合理使用各种曲面特征创建方法。

2.5 任务实例

本模块主要讲解了曲线和曲面模型的创建方法和编辑方法，接下来将通过实例来详细讲解“曲线/曲面”工具架中一些常用工具的使用技巧。希望学习者能熟练掌握它们，并在实际工作中灵活运用。

任务实例1 高脚杯模型制作

任务描述 利用Maya曲面建模相关功能，根据任务参考图，建立一个高脚杯模型。

任务参考图

任务分析 高脚杯建模由一个完整模型构成，包含杯座、杯颈、杯肚、杯口四个特征结构。各特征结构横截面均为正圆形，正圆横截面半径各不相同，适合使用线条360度旋转原理建模。

关键操作功能 “EP曲线”工具、“曲面旋转”选项。

任务操作：

步骤1 在前视图使用“EP曲线”工具画出红酒杯的截面二分之一造型（图2-27）。

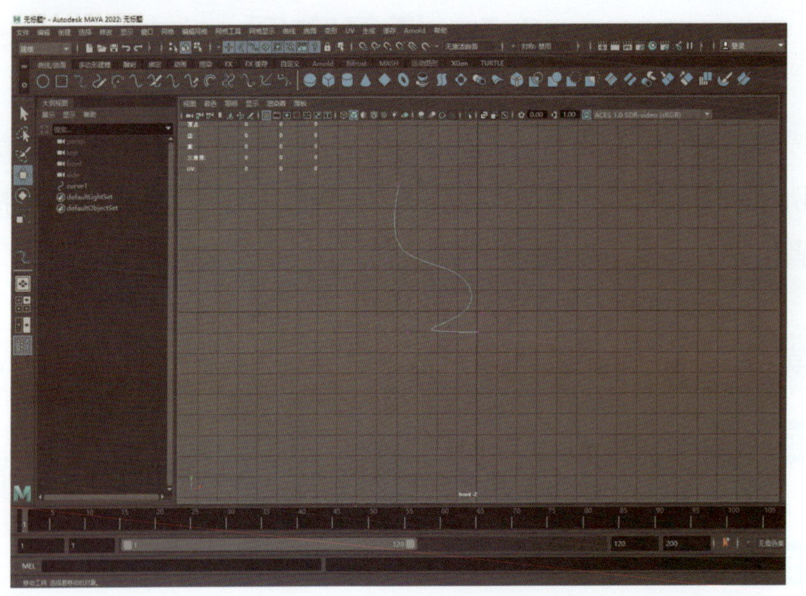

图2-27　用“EP曲线”工具画出红酒杯的截面二分之一造型

步骤2　如图2-28所示，绘制完成后切换到透视视图中，确认要围绕着哪个轴向进行构筑。本实例需要沿Y轴旋转。点击“曲面菜单”，在“旋转选项”勾选Y。

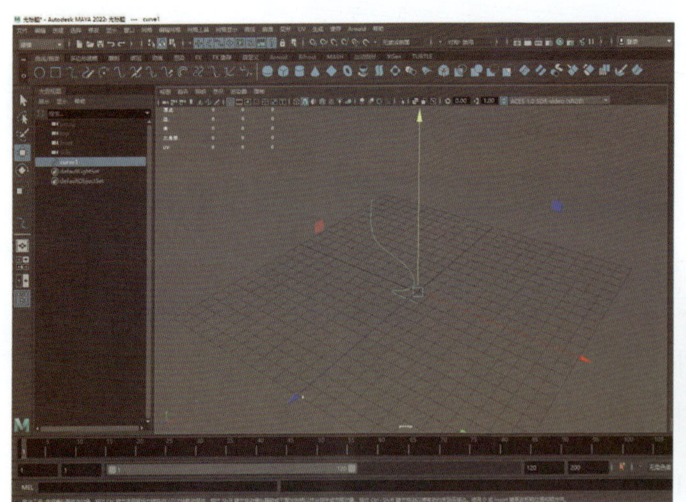

图2-28　切换到透视视图

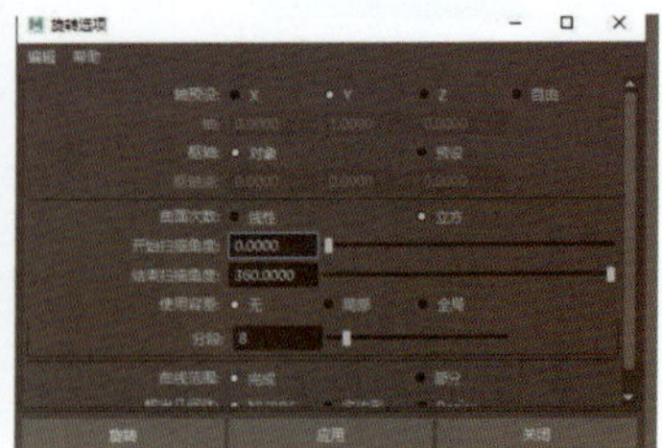

图2-29　旋转选项

步骤3　如图2-29所示，调整确认“开始扫描角度”为0，“结束扫描角度”为360。点击“应用”，高脚杯模型就构建出来了（图2-30）。

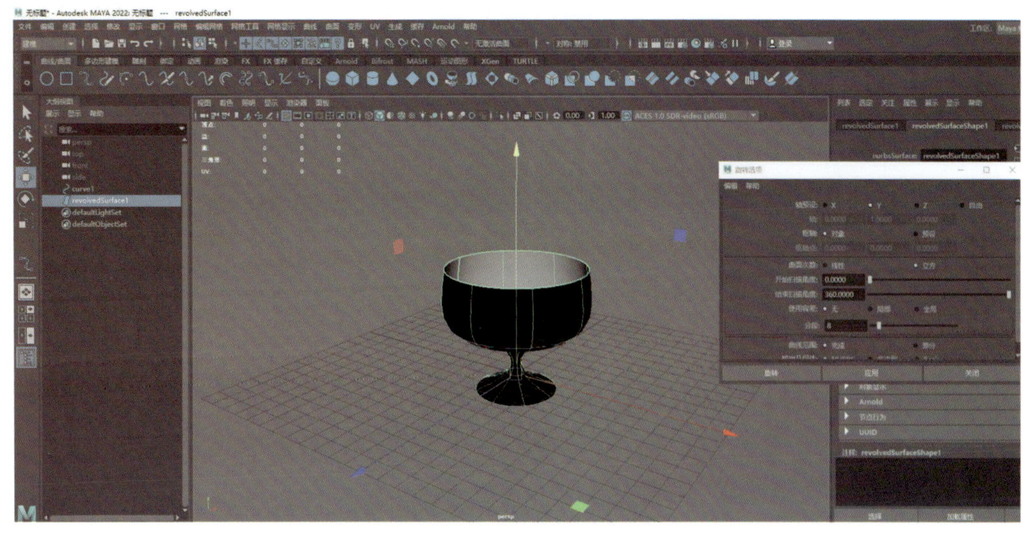

图2-30　酒杯模型成型

注意：一般情况下，此时构建的酒杯模型外表面是黑色的，这是因为曲面上的法线方向颠倒了，我们可以在“曲面”菜单下执行“反转方向”（图2-31）。

你知道吗？

法线的概念：在物理学中，过入射点垂直于镜面的直线叫作法线。对于立体表面而言，法线表示一个物体的表面朝向。一般来说，由立体的内部指向外部的是法线正方向，反过来的是法线负方向。

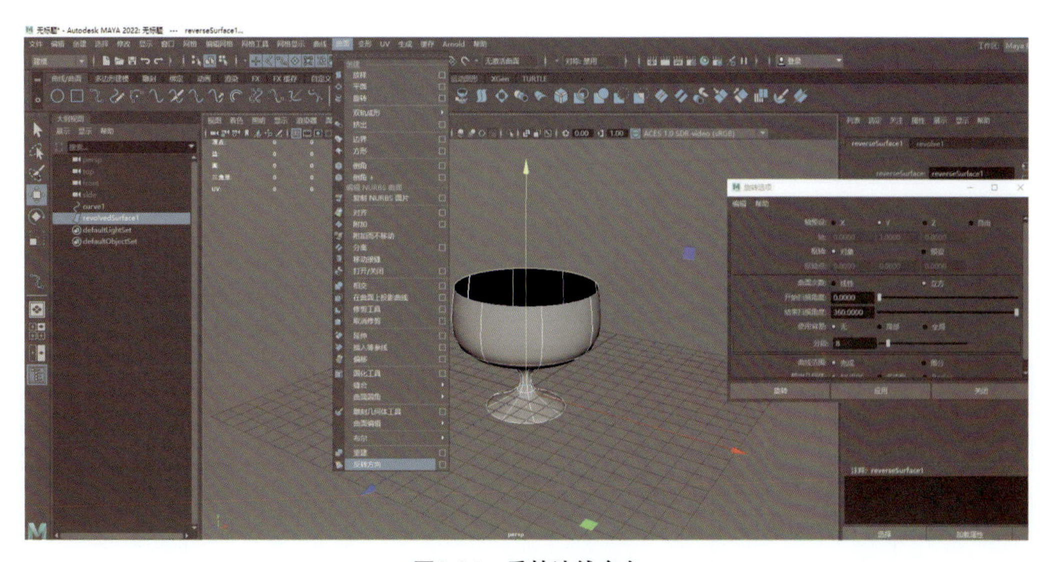

图2-31　反转法线方向

学习考评单

工作任务：高脚杯模型制作			制作时间： 分钟		
任务操作步骤概述					
反馈项目	自评	互评	师评	努力方向、改进措施	
操作过程（单选）	熟练□ 不熟练□ 不准确□	熟练□ 不熟练□ 不准确□	熟练□ 不熟练□ 不准确□		
制作效果（单选）	美观□ 相似□ 差异大□	美观□ 相似□ 差异大□	美观□ 相似□ 差异大□		
职业素养（可多选）	态度认真严谨□ 沟通交流有效□ 善于观察总结□	态度认真严谨□ 沟通交流有效□ 善于观察总结□	态度认真严谨□ 沟通交流有效□ 善于观察总结□		
学生签字		组长签字		教师签字	

任务实例2　中式花瓶与陶罐模型制作

任务描述 利用Maya曲面建模相关功能，根据任务参考图，建立中式花瓶与陶罐模型。

任务参考图

任务分析 中式花瓶与陶罐都由一个完整模型构成，包括瓶口（罐口）、瓶颈（罐颈）、瓶身（罐身）、瓶底（罐底）四个特征结构。各特征结构横截面均为正圆形，适合使用360度旋转原理建模。中式花瓶与陶罐主要区别在于各特征结构横截面半径比例不同。建模时，可以先建模其中一个器型，另一个器型通过修改横截面半径获得。也可以根据自己的训练目的分别独立建模。

▶教学微视频◀

关键操作功能 “EP曲线”工具、“曲面旋转”选项、复制粘贴模型、枢轴调整。

任务操作：

步骤1 在前视图使用“EP曲线”画出需要的花瓶的基础造型（图2-32）。

步骤2 绘制完成后切换到透视视图中（图2-33），需先确定要围绕着哪个轴向进行构筑。如图2-34所示，本实例需要沿Y轴旋转。点击“曲面菜单”，在“旋转选项”勾选Y。

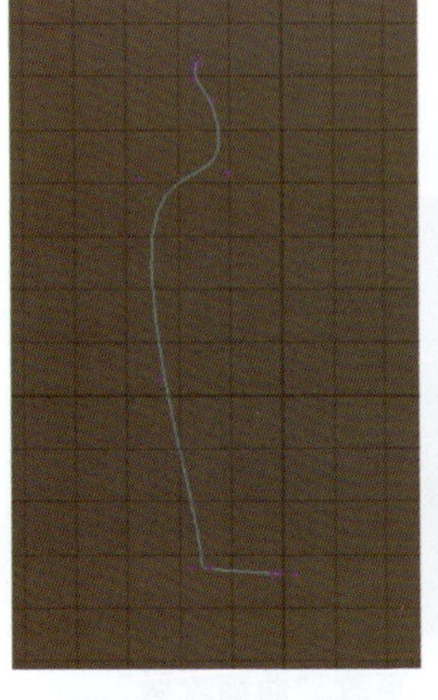
图2-32　使用“EP曲线”画出花瓶的截面二分之一造型

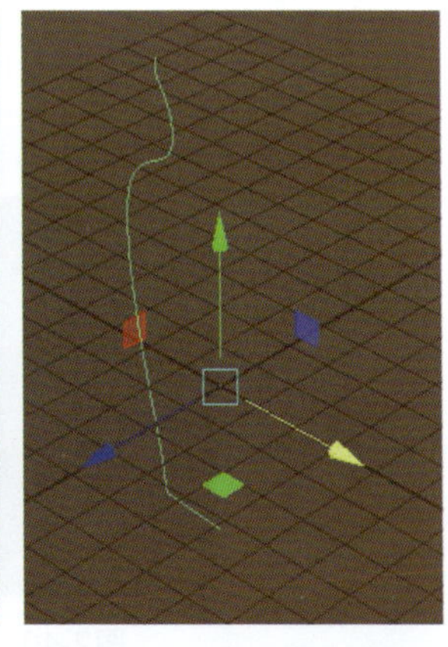
图2-33　切换到透视视图

步骤3 调整确认“开始扫描角度”为0，“结束扫描角度”为360（图2-34）。点击“应用”，花瓶基本模型就构建出来了，此时构建出的花瓶模型外表面是黑色的（图2-35），反转法线方向后花瓶模型制作完成（图2-36）。

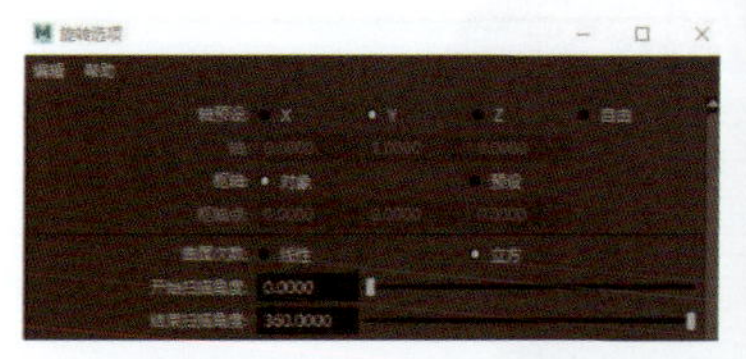
图2-34 “旋转选项”

图2-35 花瓶模型成型

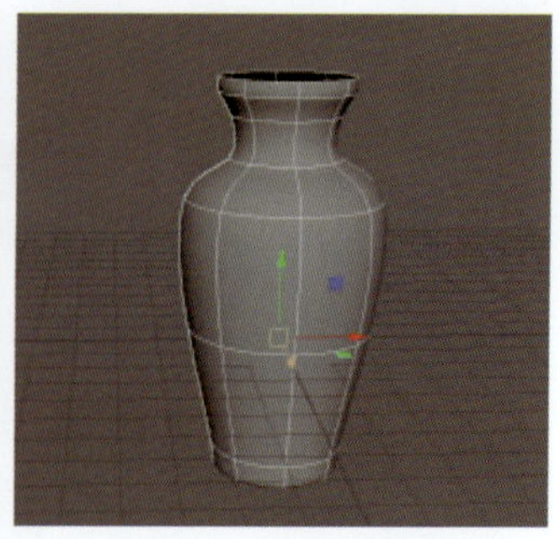
图2-36 花瓶模型完成

步骤4 复制花瓶，在花瓶曲线的基础上移动枢轴位置。移动坐标轴时，选中曲线后按“D键”即可，在移动完成后按“D键”确认坐标。点击“应用”就可以得到陶罐模型（图2-37～图2-39）。

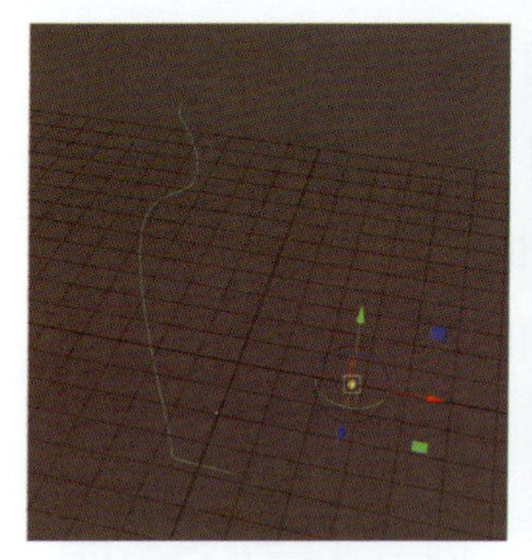
图2-37 移动枢轴

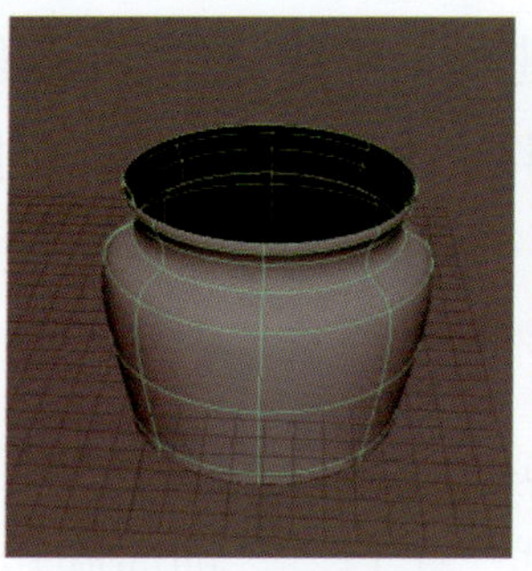
图2-38 完成陶罐模型

图2-39 花瓶与陶罐

注意：假如要使用平面来构建曲面，可以把“曲面次数”改为“线性”（图2-40），再点击“应用”，这样这个平面的曲面效果就出来了（图2-41）。

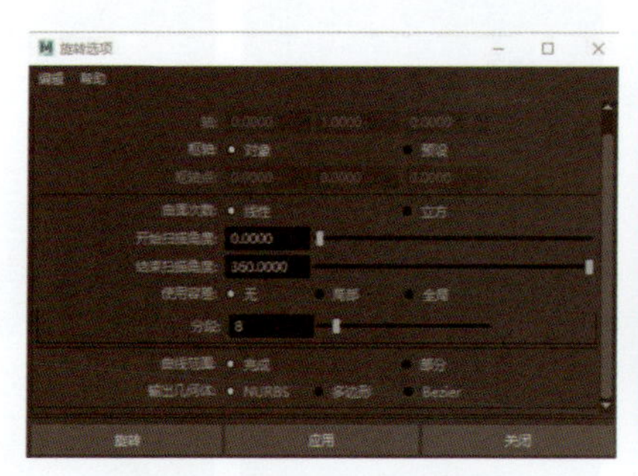
图2-40 更改“曲面次数”

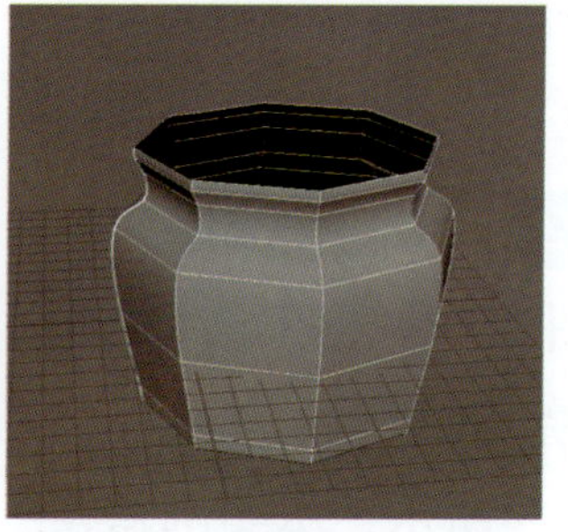
图2-41 曲面次数为线性的模型

学习考评单

工作任务：中式花瓶与陶罐模型制作			制作时间：　分钟		
任务操作步骤概述					
反馈项目	自评	互评	师评	努力方向、改进措施	
操作过程（单选）	熟练□ 不熟练□ 不准确□	熟练□ 不熟练□ 不准确□	熟练□ 不熟练□ 不准确□		
制作效果（单选）	美观□ 相似□ 差异大□	美观□ 相似□ 差异大□	美观□ 相似□ 差异大□		
职业素养（可多选）	态度认真严谨□ 沟通交流有效□ 善于观察总结□	态度认真严谨□ 沟通交流有效□ 善于观察总结□	态度认真严谨□ 沟通交流有效□ 善于观察总结□		
学生签字		组长签字		教师签字	

任务实例3　花瓣模型制作

任务描述 利用Maya曲面建模相关功能，根据任务参考图，建立花瓣模型。

任务参考图

任务分析 花瓣模型是一个完整的不规则片状模型，适合使用曲线工具对不规则关键点进行勾勒。受花苞发育影响，花瓣具有自然弯曲的特点。建模时，可以使用曲面投影相关功能进行呈现。

关键操作功能 “EP曲线”工具、“在曲面上投影曲线”工具、“修剪”工具。

任务操作：

步骤1 在前视图里使用“EP曲线”工具勾勒出花瓣剪影形状（图2-42）。

步骤2 进入透视视图，建立曲面球体，把花瓣曲线放置在球体外侧（图2-43）。

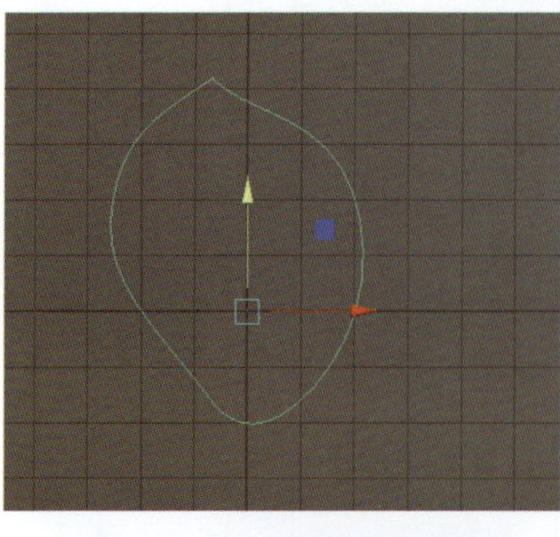

图2-42　勾勒花瓣剪影形状

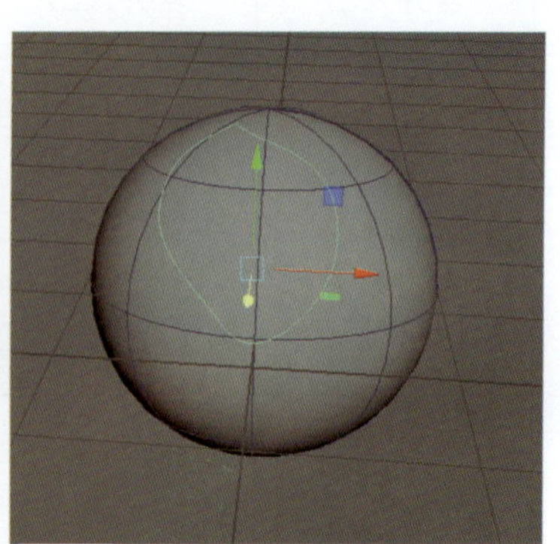

图2-43　建立投影球体

步骤3 选中曲面球体和曲线之后，使用“曲面”>“在曲面上投影曲线选项”，可以把曲线投影到曲面球体上（图2-44～图2-46）。

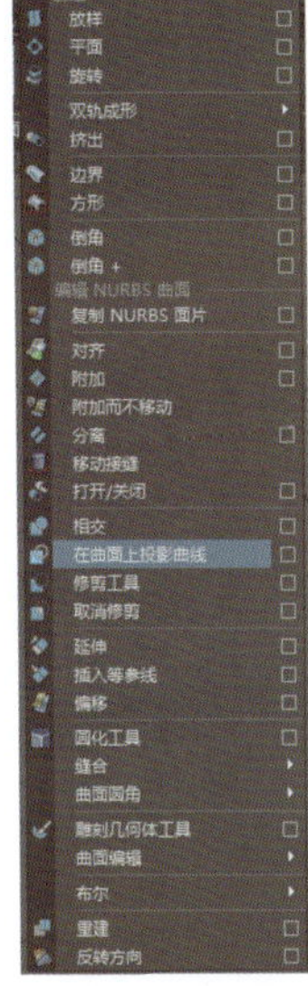

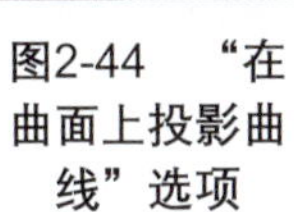
图2-44 “在曲面上投影曲线”选项

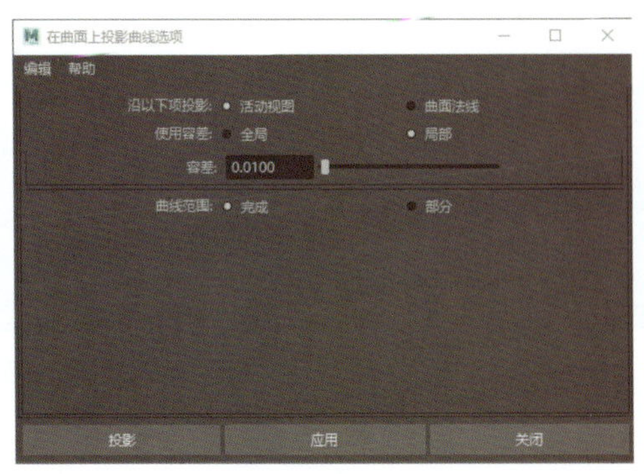

图2-45 “在曲面上投影曲线选项”面板

图2-46 将曲线投影到球体（白线是投影到曲面上的曲线）

注意：一般情况下，投影的效果与曲线在使用者观察角度中的形状保持一致。也可以根据工作实际将“沿以下项投影”中的“活动视图”更改为“曲面法线”（图2-47）。曲面法线方向投影就是垂直投影（图2-48），选择“曲面法线”后，不管建模时怎样变换角度，投影效果会始终保持一致。

沿以下项投影: 活动视图 曲面法线

图2-47 更换投影方式

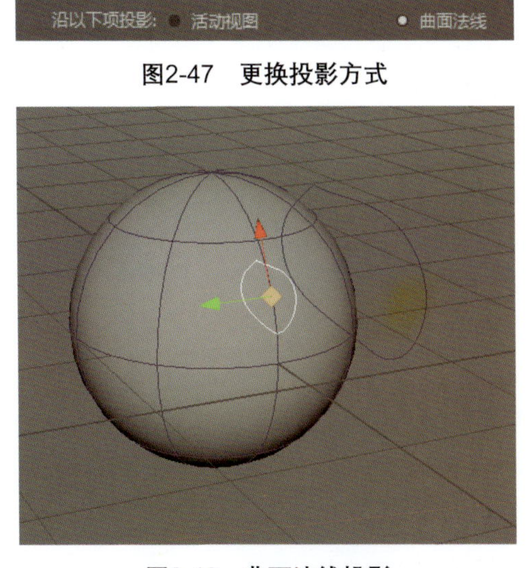

图2-48 曲面法线投影

步骤4　打开“曲面”>“修剪工具”（图2-49），选中曲面球体（图2-50），选择需要的花瓣部分（图2-51），按“回车键”进行确认，就可以得到一片圆润有弧度的花瓣（图2-52）。

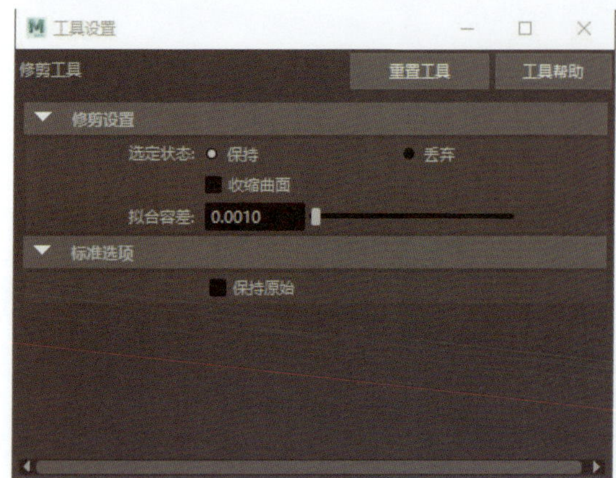

图2-49　修剪工具

图2-50　选中曲面球体

图2-51　选择花瓣部分

图2-52　花瓣模型

学习考评单

工作任务：花瓣模型制作			制作时间：　分钟		
任务操作步骤概述					
反馈项目	自评	互评	师评	努力方向、改进措施	
操作过程（单选）	熟练□ 不熟练□ 不准确□	熟练□ 不熟练□ 不准确□	熟练□ 不熟练□ 不准确□		
制作效果（单选）	美观□ 相似□ 差异大□	美观□ 相似□ 差异大□	美观□ 相似□ 差异大□		
职业素养（可多选）	态度认真严谨□ 沟通交流有效□ 善于观察总结□	态度认真严谨□ 沟通交流有效□ 善于观察总结□	态度认真严谨□ 沟通交流有效□ 善于观察总结□		
学生签字		组长签字		教师签字	

知识巩固

一、选择题

1. 曲面建模具有曲线平滑和节点少的特性，可运用于哪些领域（　）

A. 游戏　　B. 科学可视化　　C. 工业设计

2. 在Maya 2022操作中，选中两条曲线，点击什么工具，即可将两条曲线连接在一起（　）

A. 附加曲线　　B. EP曲线工具　　C. 铅笔曲线工具

3. 通过Maya 2022的“曲线/曲面”工具架中的工具集合，用户有哪些工作思路创建曲面模型（　）

A. 通过创建曲线的方式来构建曲面的基本轮廓，并配以相应的命令来生成模型

B. 通过创建曲面基本体的方式来绘制简单的三维对象，然后再使用相应的工具修改其形状来获得几何形体

C. 利用参考图片直接生成模型

4. Maya 2022曲面建模也称为POLY建模，是专门做曲面物体的一种造型方法。该描述是（　）

A. 正确的　　B. 错误的

5. 曲面建模的基本原则包括以下哪些选项（　）

A. 创建曲面的边界曲线尽可能简单。一般情况下，曲线阶次不大于3。当需要曲率连续时，可以考虑使用五阶曲线

B. 用于创建曲面的边界曲线要保持光滑连续，避免产生尖角、交叉和重叠。另外在创建曲面时，需要对所利用的曲线进行曲率分析，曲率半径尽可能大，否则会造成加工困难和形状复杂

C. 避免创建非参数化曲面特征。曲面要尽量简洁，面尽量做大。对不需要的部分要进行裁剪。曲面的张数要尽量少

D. 根据不同部件的形状特点，合理使用各种曲面特征创建方法。

二、填空题

1. 曲面模型的创建有两种方法，第一种是________________；第二种是________________
________________。

2. Maya 2022提供了多种基本几何形体的曲面工具为用户选择使用，它们包括：__________
________________。

3. 贝赛尔曲线通过控制曲线上的________________________这四个点来创造、编辑图形。

模块3 多边形建模

多边形（Polygon）建模是在Maya 2022软件中使用多边形来创建和修改3D几何形状的一种技术。多边形从技术角度来讲比较容易掌握，在创建复杂表面时，细节部分可以任意加线，在结构穿插关系很复杂的模型中就能体现出它的优势。另一方面，它不如NURBS有固定的UV，在贴图工作中需要对UV进行手动编辑，才能正确呈现贴图位置和比例。从早期主要用于游戏到被广泛应用（包括电影），多边形建模已经成为CG行业中与曲面建模并驾齐驱的建模方式。

学习目标

- 了解多边形建模原理
- 掌握多边形模型的创建方法
- 掌握多边形模型点、线、面、体的常规编辑方法
- 具有读图能力和三维模型分析创造能力
- 养成良好的工作态度、精益求精的工匠精神

3.1　多边形建模概述

在数学领域，由三条或三条以上的线段首尾顺次连接所组成的平面图形叫作多边形。如图3-1所示，假设三维空间中有多个点，将这些点用线段首尾相连，形成一个封闭空间，填充该封闭空间，就产生一个多边形面。很多这种多边形面在一起，相邻的两个面都有一条公共边，就形成一个空间网架结构，这就是多边形建模的原理。

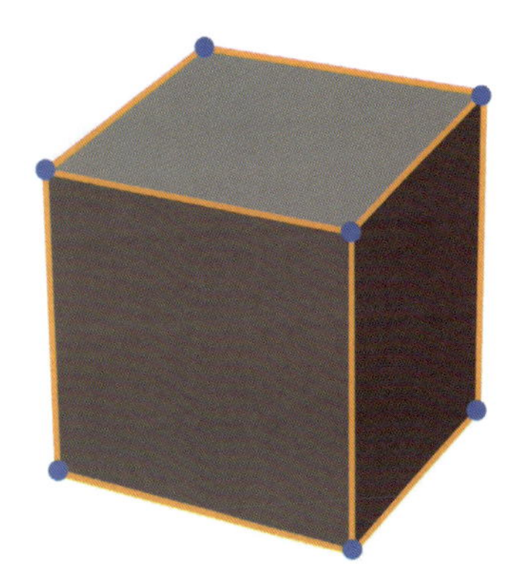

图3-1　三维空间的点、线、面

3.2　创建多边形模型

操作中首先使一个对象转化为可编辑的多边形对象，然后通过对该多边形对象的各种子对象进行编辑和修改来实现建模过程。可编辑多边形对象包含了节点（Vertex）、边界（Edge）、边界环（Border）、多边形面（Polygon）、元素（Element）5种子对象模式。与可编辑网格相比，可编辑多边形显示了更大的优越性，即多边形对象的面不只可以是三角形面和四边形面，而且可以是具有任何多个节点的多边形面。

初学建模时，点击Maya 2022所提供的多边形几何体图标，通过拼凑堆砌的方式即可获取所要表达的几何形体。Maya 2022为用户提供了多种多边形基本几何体的创建按钮。在“多边形建模”工具架上可找到如图3-2所示的图标。

图3-2　“多边形建模”工具架

（1）多边形球体

如图3-3所示，单击“多边形建模”工具架上“多边形球体”图标，即可在场景中创建一个多边形球体模型。

（2）多边形立方体

在“多边形建模”工具架上单击“多边形立方体”图标，即可在场景中创建一个多边形立方体模型（图3-4）。

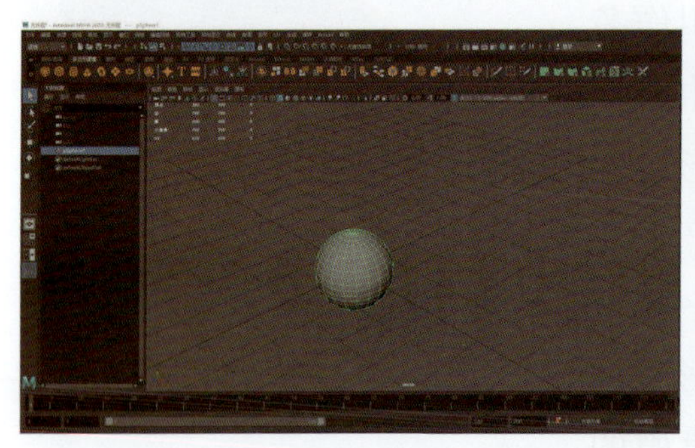

图3-3　用“多边形建模”指令创建的球体模型

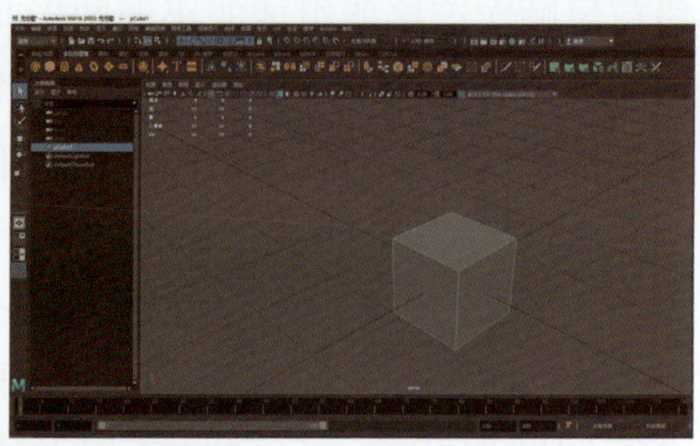

图3-4　用“多边形建模”指令创建的立方体模型

（3）多边形圆柱体

在“多边形建模”工具架上单击“多边形圆柱体”图标，即可在场景中创建一个多边形圆柱体模型（图3-5）。

（4）多边形圆锥体

如图3-6所示，在“多边形建模”工具架上单击“多边形圆锥体”图标，即可在场景中创建一个多边形圆锥体模型。

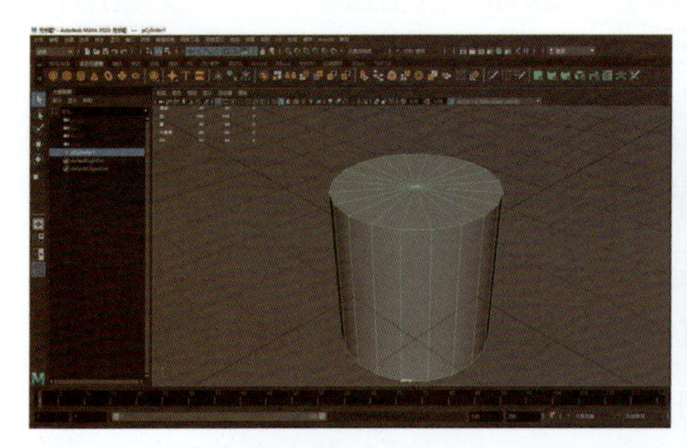

图3-5　用“多边形建模”指令创建的圆柱体模型

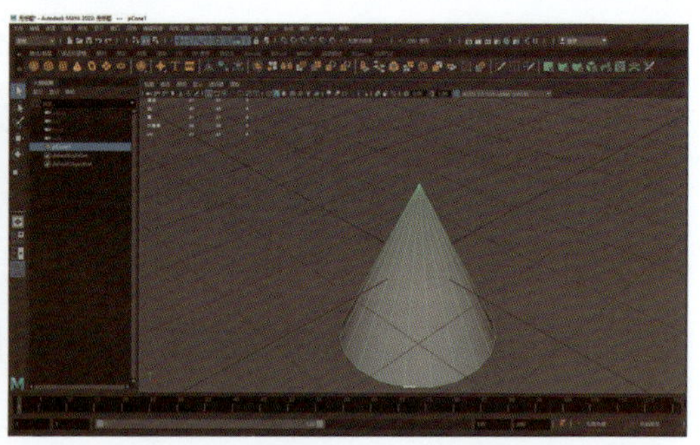

图3-6　用“多边形建模”指令创建的圆锥体模型

（5）多边形圆环

在“多边形建模”工具架上单击“多边形圆环”图标，即可在场景中创建一个多边形圆环模型（图3-7）。

（6）多边形类型

如图3-8所示，在“多边形建模”工具架上点击“多边形类型：在栅格上创建3D文本”图标，即可在场景中快速创建出多边形文本模型。

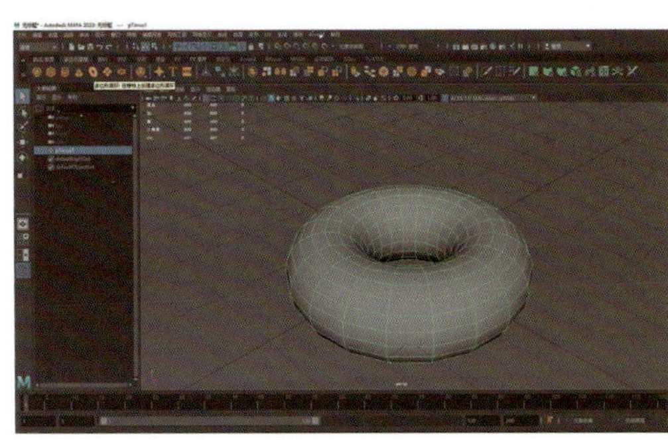

图3-7　用“多边形建模”指令创建的多边形圆环模型

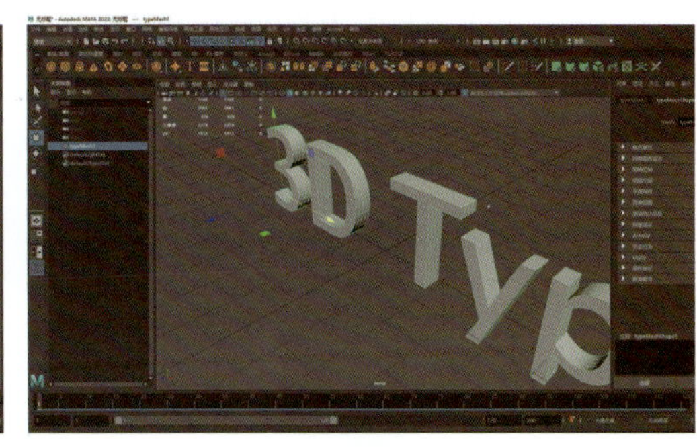

图3-8　用“多边形建模”指令创建的多边形类型模型

3.3　多边形建模工具包

“建模工具包”是Maya为模型师提供的一个用于快速查找建模命令的工具集合。通过单击“状态行”中的“显示或隐藏建模工具包”按钮，即可找到“建模工具包”面板。点击工作区右边“建模工具包”选项卡的名称，即可显示对应的“建模工具包”面板（图3-9）。

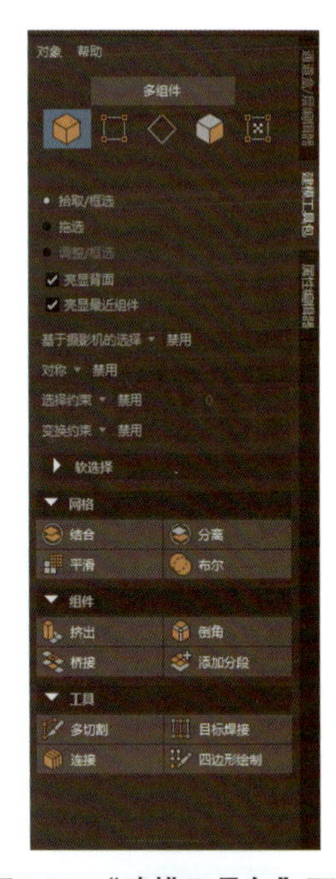

图3-9　“建模工具包”面板

（1）“建模工具包”选择模式

“建模工具包”的选择模式分为“选择对象”、“多组件”和“UV选择”3种。单击其中的“多组件”按钮，其下又分为“顶点选择”、“边选择”和“面选择”3种方式（图3-10）。

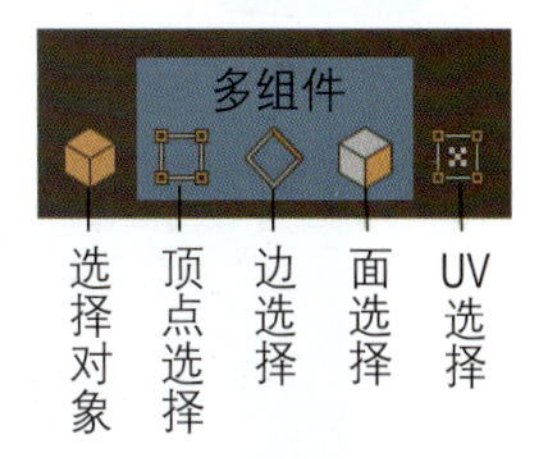

图3-10　多组件指令界面

（2）选择选项及软选择

双击“选择工具”可以打开“工具设置”面板（图3-11）。“软选择”卷展栏位于“公用选择选项”下方（图3-12）。

勾选“软选择”后，选择区域将获得基于衰减曲线的加权变换。如果此选项处于启用状态，并且未选择任何内容，将光标移动到多边形组件上会显示软选择预览。如果在平面中心选择一个面并向上移动，未开启“软选择”时侧面会比较陡峭，这个面也会非常明晰，而启用“软选择”命令之后物体表面就变得平滑，如图3-13所示。

图3-11 选择按钮

图3-12 “软选择”卷展栏

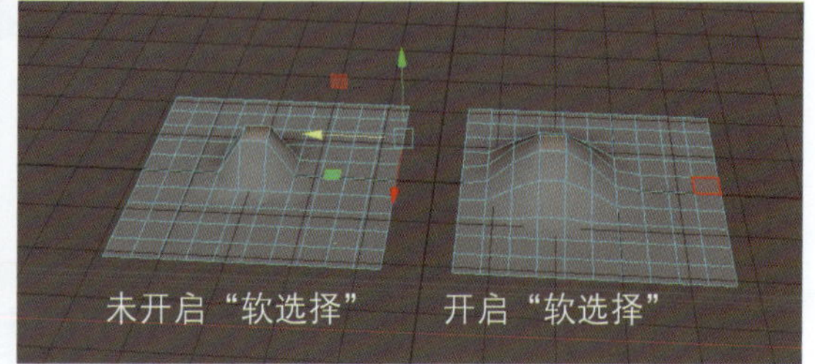

图3-13 未开启与开启“软选择”之后的对比图

下面简单演示一下“软选择”的使用。

步骤1 创建一个平面（图3-14）。

步骤2 选择其中一个面（图3-15）。

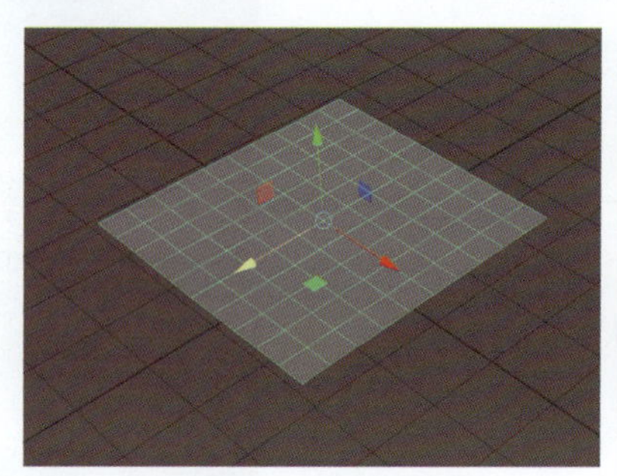

图3-14 创建平面

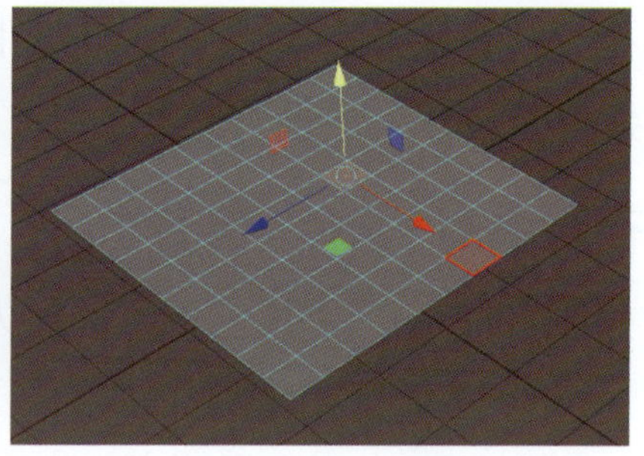

图3-15 选择面

步骤3 在“建模工具包”启用“软选择”（或按快捷键“B键”开启）。

步骤4 开启“软选择”，出现的颜色区域就是被影响的区域（图3-16），使用鼠标移动选择单位即可出现如图3-17所示的效果。

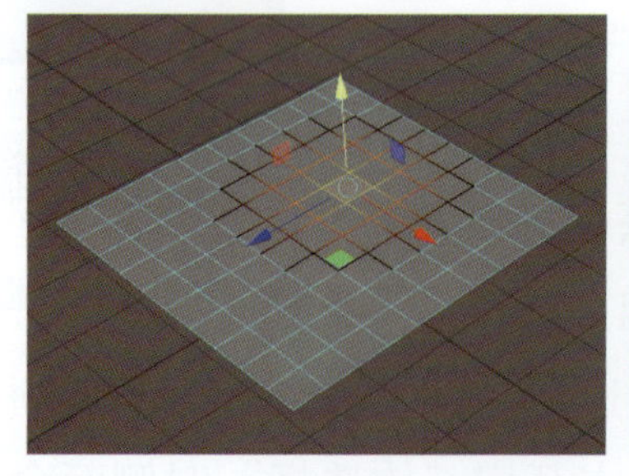

图3-16 启用“软选择”出现颜色区域

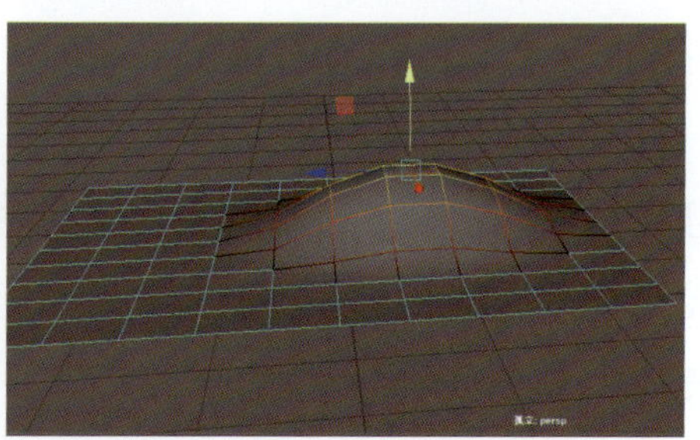

图3-17 移动选择单位后效果

（3）多边形编辑工具

如图3-18所示，多边形编辑工具位于“软选择”选项的下方，分为“网格”卷展栏、“组件”卷展栏和“工具”卷展栏。

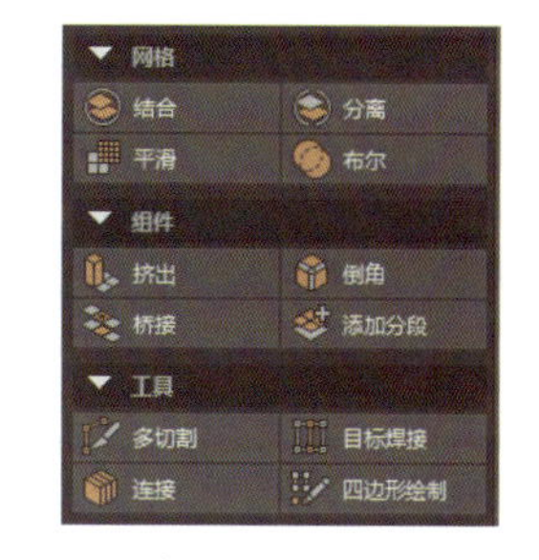

图3-18　多边形编辑工具栏界面

1）结合与分离

结合物体，即合并物体，将多个物体变为一个（图3-19、图3-20）。分离物体，是将单一物体单位分离为多个物体单位。

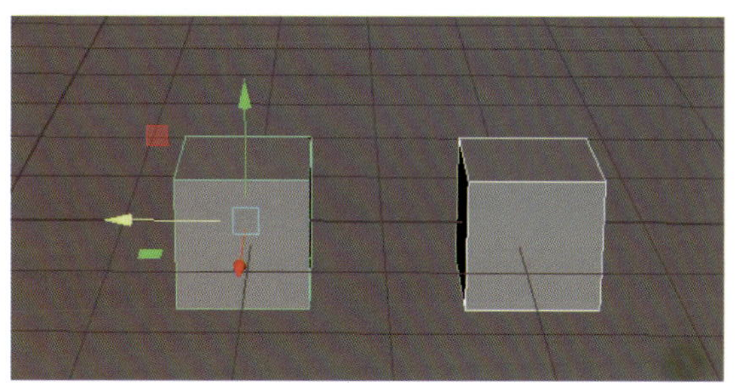
图3-19　两物体结合前

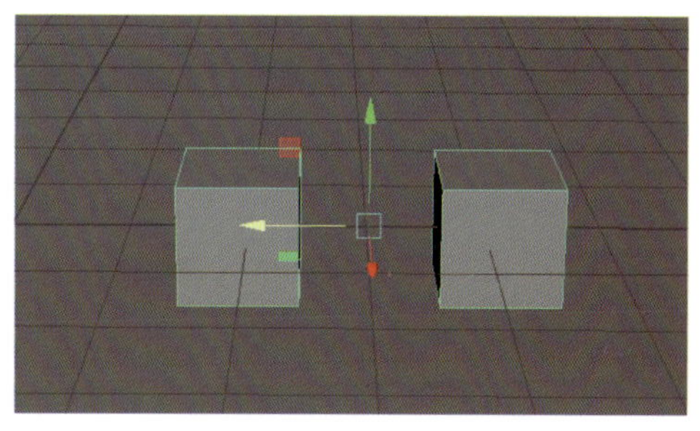
图3-20　两物体结合后

2）平滑

物体平滑是将简单、粗糙物体进行平滑处理。“平滑”工具和快捷键“3键”平滑的原理是不同的：“3键”是对平滑效果的预览，并没有改变物体结构；而“平滑”工具是通过增加面数使模型更加圆润（图3-21）。

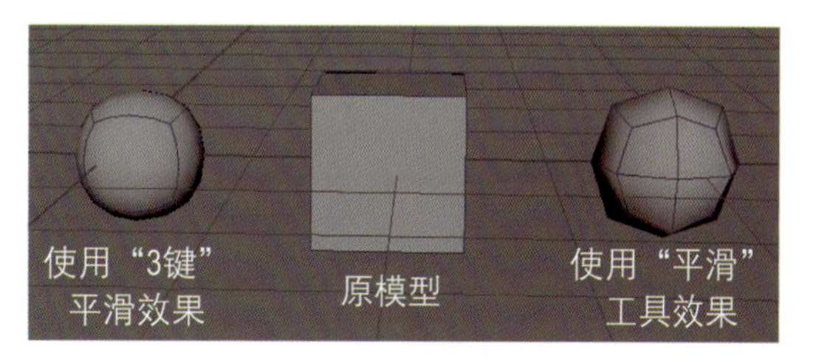

图3-21　平滑效果对比图

3）布尔

布尔运算是数字符号化的逻辑推演法，包括联合、相交、相减。Maya在图形处理操作中引用了这种逻辑运算方法，以使简单的基本图形组合产生新的形体，并由二维布尔运算发展到三维布尔运算。

并集是指合并去掉多余的部分。如图3-22所示，左边为原分离的两模型，右边为布尔运算并集结果。使用“布尔”工具能够合并两

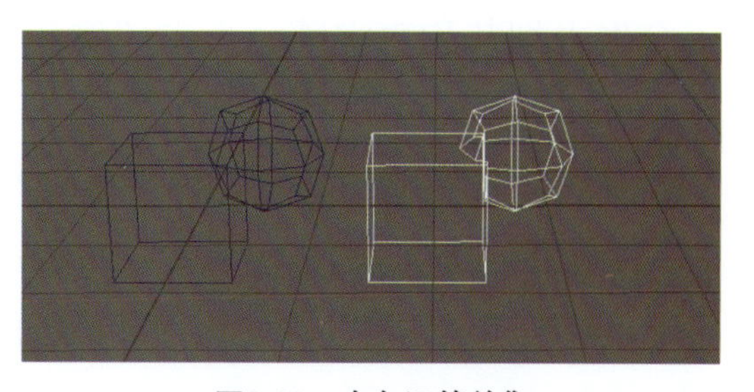
图3-22　布尔运算并集

个物体，操作后两物相交部分结构线消失，两物体实现合并。

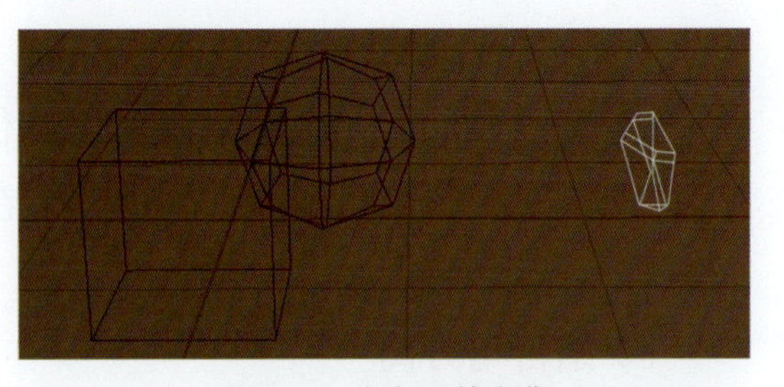
图3-23　布尔运算交集

交集是指合并并且只保留合并的地方。如图3-23所示，左边为原分离的两模型，右边为布尔运算交集结果。使用“布尔”工具能够计算两个物体共同部分，操作后只留下两物体共同部分。

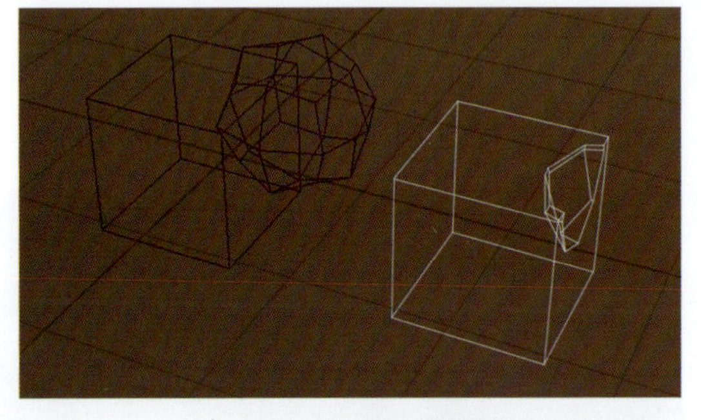
图3-24　布尔运算差集

差集是指两模型相交时，去掉指定物体的相交部分。如图3-24所示，对两个模型进行布尔运算差集，去掉其中一个在另一个上相交的地方。

4）挤出

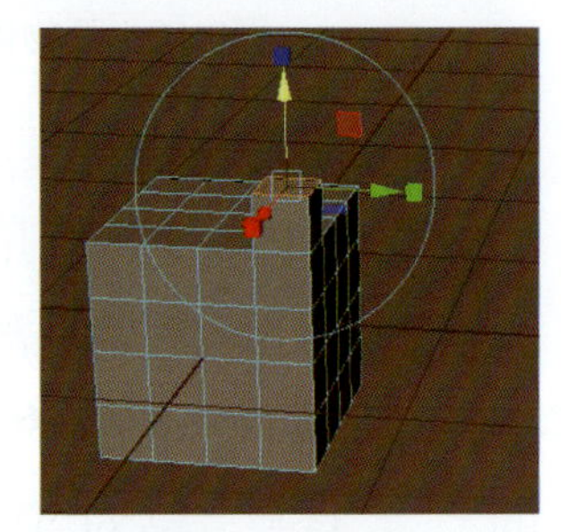
图3-25　挤出面

“挤出”工具可以使物体沿指定方向增加结构体积（图3-25）。

“挤出”工具作为常用工具，可以通过以下多种方法打开。

① 在主菜单栏中选择“编辑网格”>“挤出”。

② 从标记菜单中选择“倒角边”（快捷方式：按住“Shift键”并单击鼠标右键）。

③ 在“建模工具包”窗口中单击挤出图标。

④ 按Ctrl+E。

5）倒角

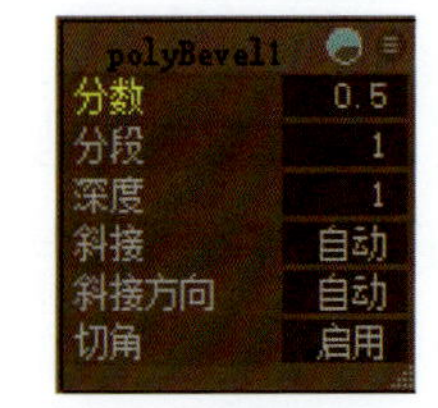

图3-26　倒角指令界面

倒角是在面与面相交处出现一个倾斜面，可以用来增加细节，而且让面与面交界处不会显得很尖锐，不会失去细节和真实感。点击“倒角”之后会出现如图3-26所示的菜单。

分数：分数越大，倒角的程度越大（图3-27、图3-28）。

分段：分段即增加分段，段数越多越平滑（图3-29、图3-30）。

深度：深度越大，越往下陷，但是其范围只能在-1和1之间（图3-31、图3-32）。

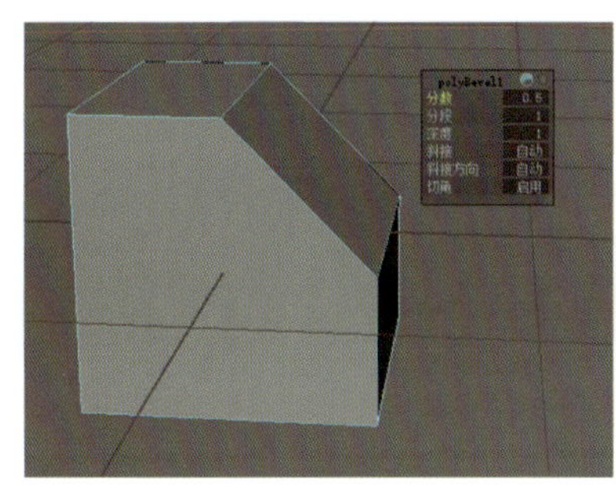

图3-27　增加分数前

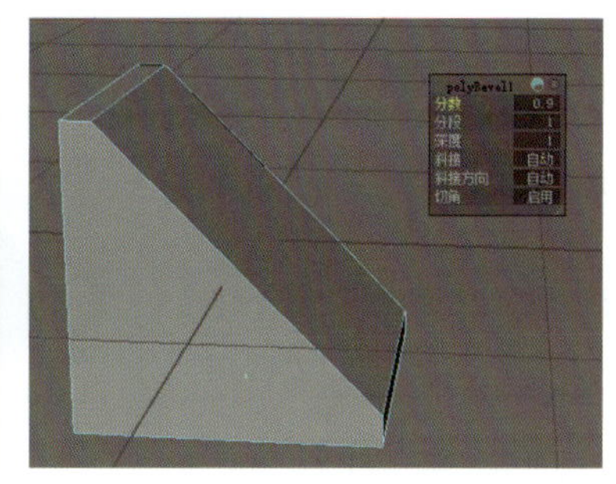

图3-28　增加分数后

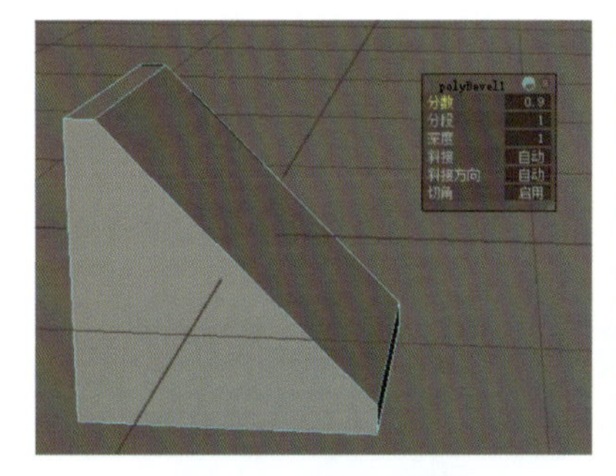

图3-29　增加分段前

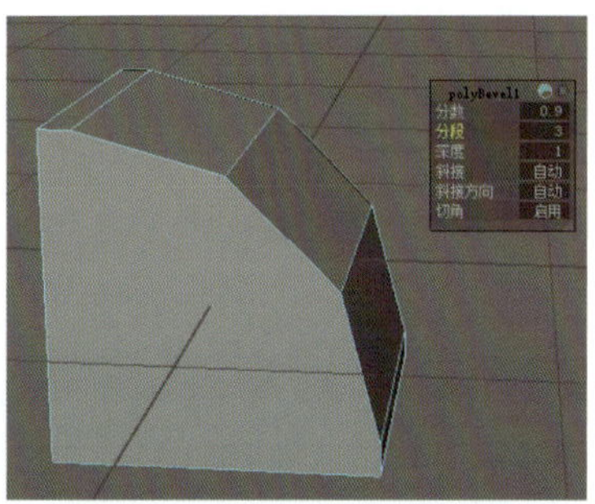

图3-30　增加分段后

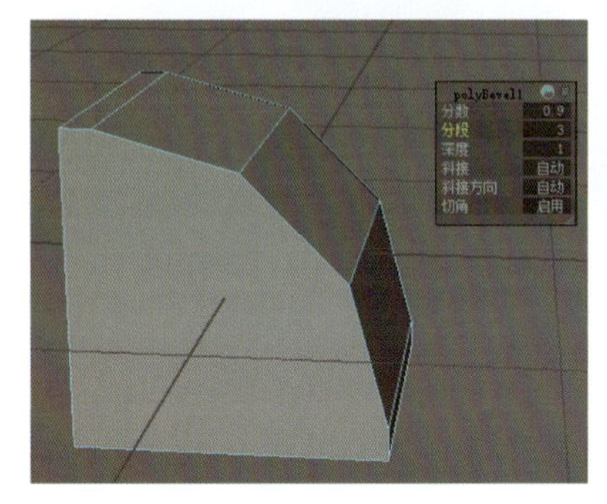

图3-31　增加深度前

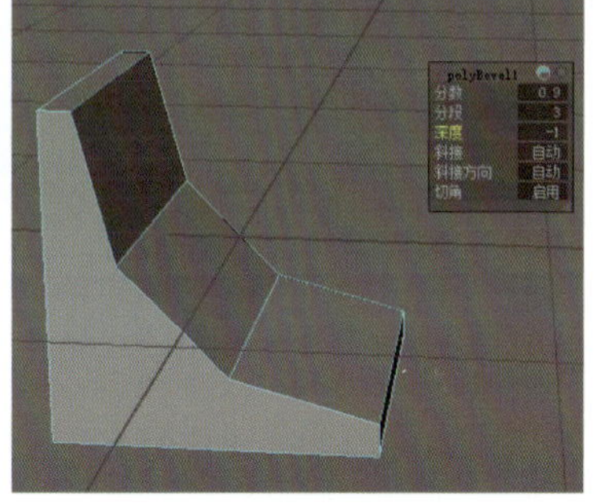

图3-32　增加深度后

6）桥接

桥接是将同一个模型上的面或者线进行连接。选择需要桥接的面或线，点击桥接就可完成操作（图3-33、图3-34）。需要注意的是，桥接发生在同一对象内部，如果是两个不同的对象，需要先将模型进行合并再桥接。

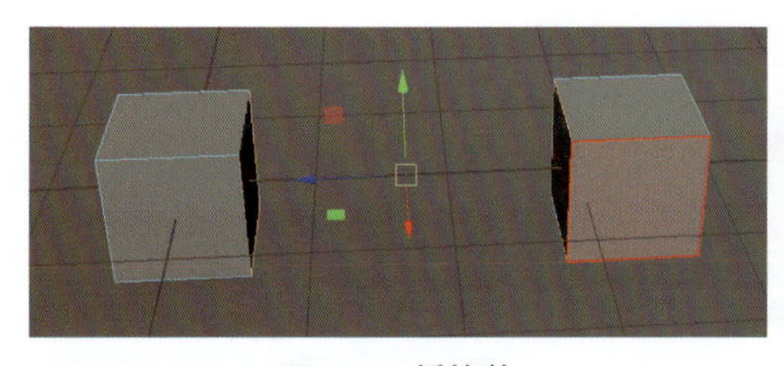

图3-33　桥接前

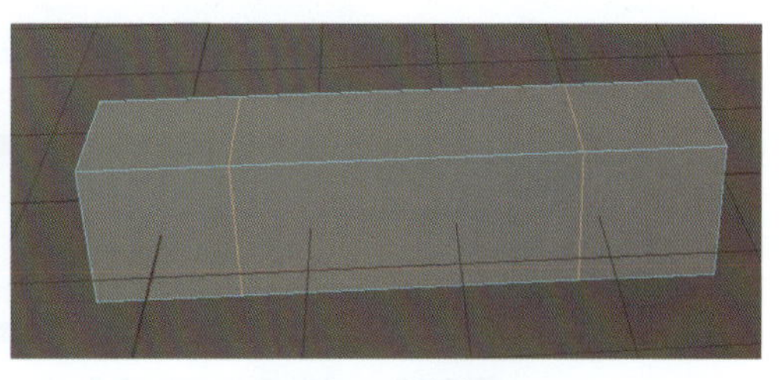

图3-34　桥接后

7）多切割

多切割其实就是沿手动布线方向进行线段添加。点击“多切割”后，按住鼠标左键，在视图中拉出一条直线，松开鼠标时，切割完成（图3-35）。

图3-35　多切割（图源：Maya官网）

8）目标焊接

目标焊接可用于将一个顶点或边与另一个顶点或边进行合并（图3-36、图3-37）。

图3-36　目标焊接前

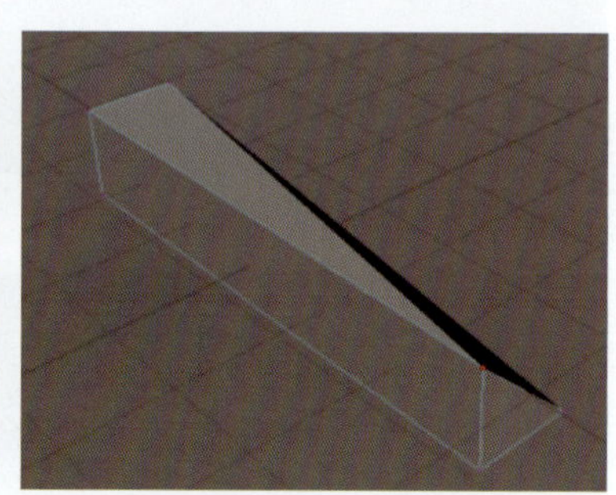

图3-37　目标焊接后

9）四边形绘制

使用“四边形绘制”工具可以以自然、有机的方式进行建模，这为重新拓扑网格提供了一个简化的工作流程。重新拓扑时，可以在保留参考曲面形状的同时，创建整洁的网格。

以在球体上绘制四边形为例，步骤如下。

步骤1　选中模型，点击“激活选定对象”（图3-38）。

步骤2　激活对象后，可以在“建模工具包”的选择对象中看到如图3-39所示的激活对象参数调节界面。

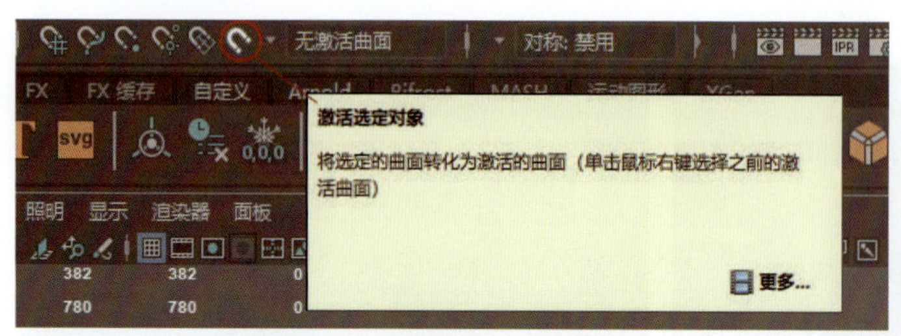

图3-38　“激活选定对象”指令

图3-39　激活对象参数调节界面

步骤3 选择“四边形绘制”工具进行操作，四边形绘制有两种方法。

方法一，按住“Tab键”，配合鼠标左键拉动，即可在球体上绘制四边形（图3-40）。

方法二，开启“自动焊接”（图3-41），按需点击四个点（足够构成四边形的四个点），然后点击“Shift”，再单击鼠标左键进行确认就能生成面片（图3-42、图3-43）。如还需继续生成，再点击其他两个点，按“Shift”+鼠标左键确认即可（图3-44、图3-45）。

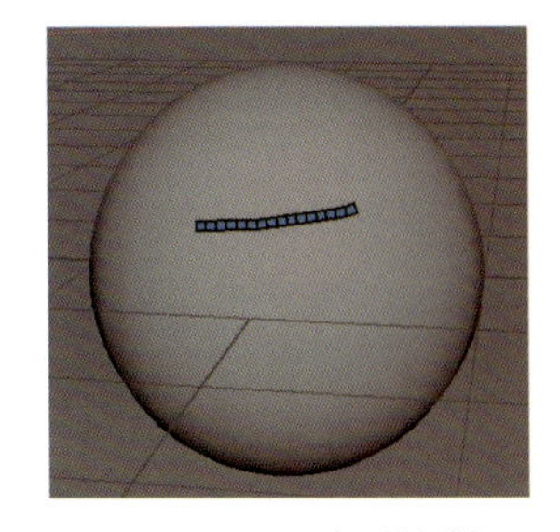

图3-40 四边形绘制效果预览图

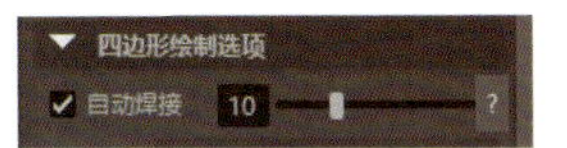

图3-41 “四边形绘制选项”参数界面

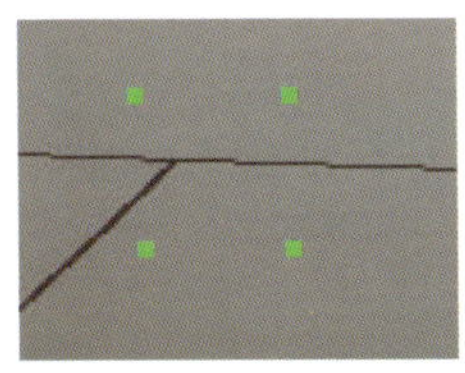

图3-42 点击四个点

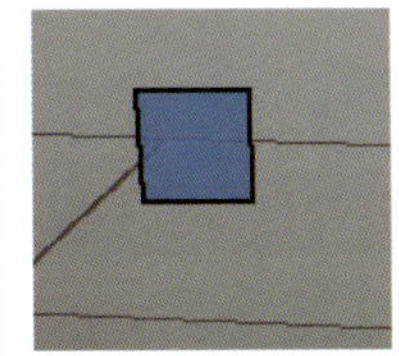

图3-43 生成面片

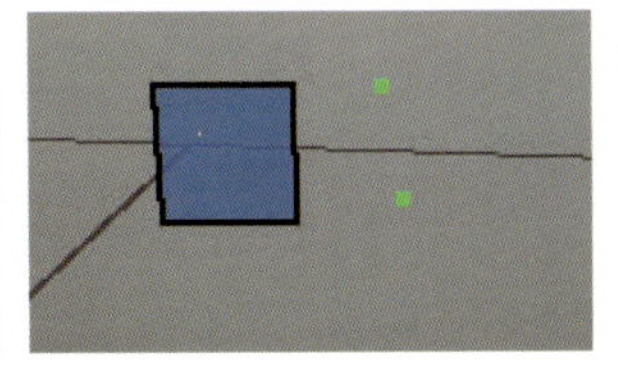

图3-44 再点击两个点

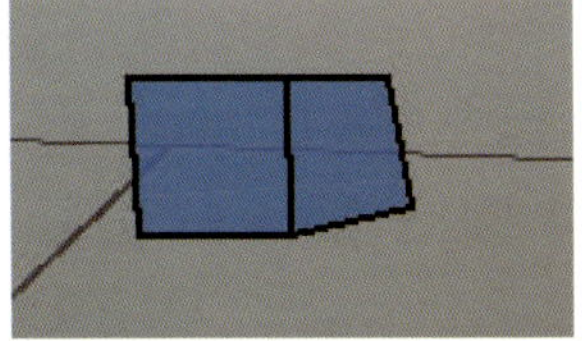

图3-45 继续生成四边形

3.4 任务实例

任务实例1 创建一个飞机模型

任务描述 使用多边形建模与调节功能创建飞机模型。

任务参考图

任务分析 飞机模型棱角多，需要频繁使用“挤出”工具。左右结构同时挤出可以保证模型结构完整统一。

关键操作功能 挤出面、多切割、插入循环边工具。

任务操作：

图3-46 “多边形建模”工具栏

步骤1 启动中文版Maya 2022。

步骤2 单击菜单栏“多边形建模”（图3-46），新建一个正方体。

步骤3 创建多边形之后，在右边属性菜单栏中点击“polyCube1”>“深度细分数”，将“深度细分数”调整为7（图3-47）。

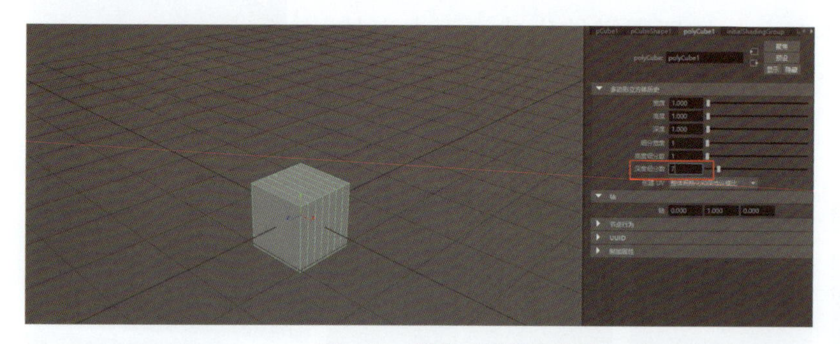
图3-47 调节“深度细分数”

▶教学微视频◀

步骤4 长按鼠标右键进入菜单，选择“顶点”模式，并使用“缩放”工具和“移动”工具在侧视图调整形状（图3-48）。

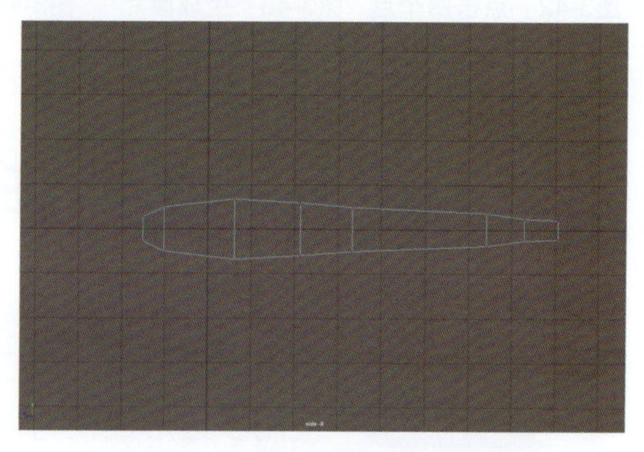
图3-48 飞机主体模型线框侧视图

步骤5 如图3-49所示，长按鼠标右键与“Shift键”进入菜单。选择“多切割”工具，在模型两边切割出机翼的位置（图3-50）。

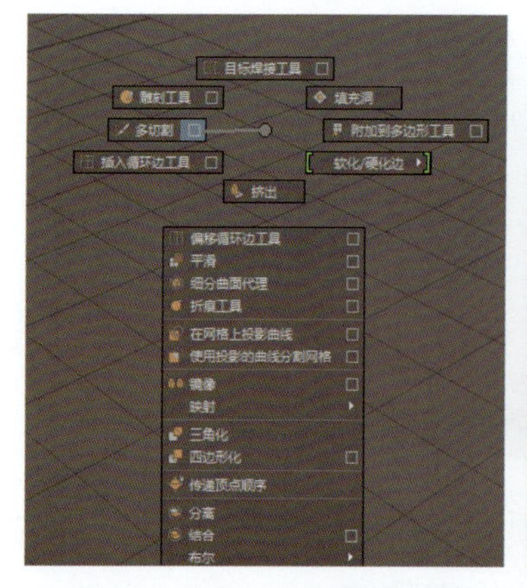

图3-49 选择“多切割”工具

图3-50 切割出机翼的位置

步骤6 进入面模式，选择两侧机翼的面（图3-51）。

步骤7 如图3-52所示，长按鼠标右键与“Shift键”进入菜单，选择“挤出面”工具把机翼挤出，并通过轴坐标调整机翼形状（图3-53）。

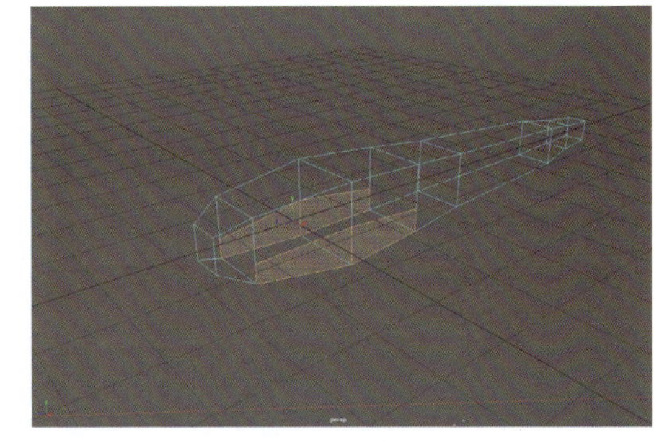

图3-51 选择面

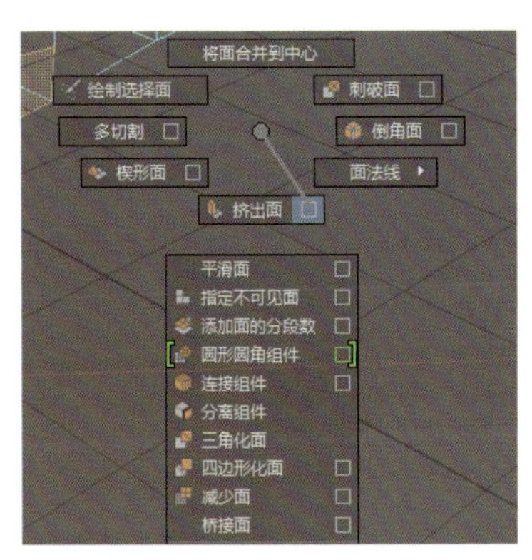

图3-52 选择“挤出面”工具

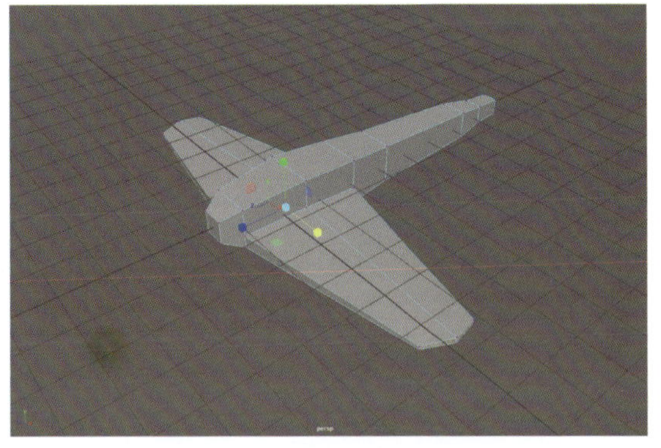

图3-53 挤出并调整机翼造型

步骤8 如图3-54所示，长按鼠标右键与“Shift键”进入菜单，选择“插入循环边工具”，整理机翼的形状，用“插入循环边工具”在机翼上和机身上多加几段（图3-55）。经光滑处理后的棱角的弧度、形状和该棱角处的分段数有绝对的关系。通常情况下，分段越少，棱角就越光滑；分段越多，就越尖锐。

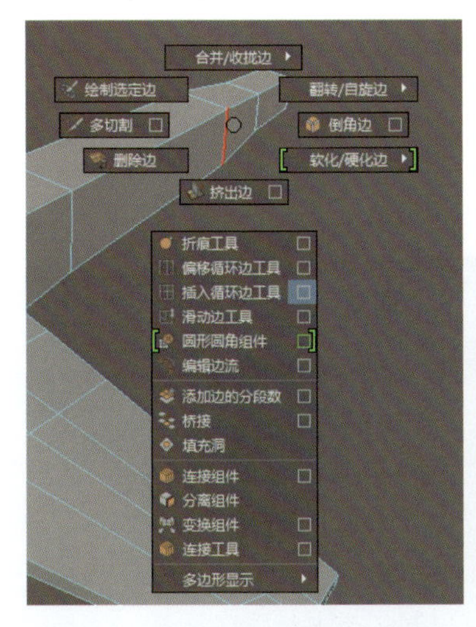

图3-54 选择“插入循环边工具”

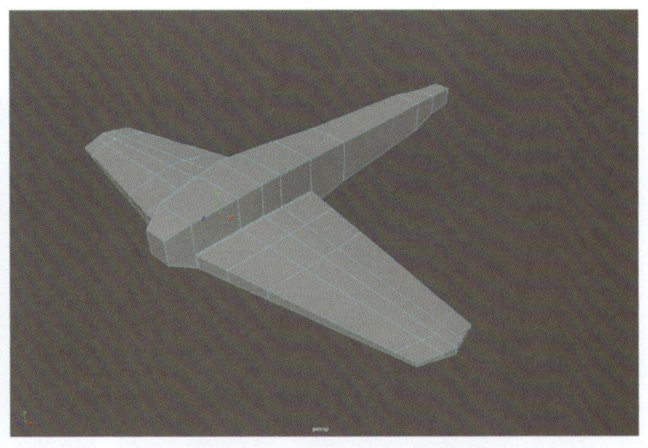

图3-55 添加结构线条

步骤9 使用相同的方法，用“挤出面”工具挤出尾翼（图3-56）。

步骤10 如图3-57所示，长按鼠标右键与“Shift键”进入菜单，选择“插入循环边工具”，画出侧尾翼的线条。

图3-56 挤出尾翼

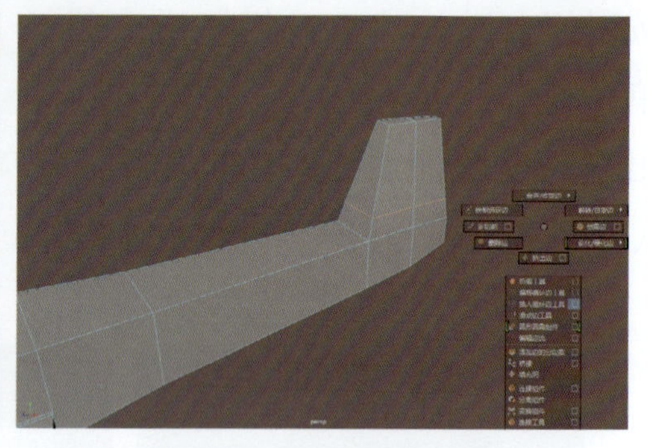

图3-57 画出侧尾翼的线条

步骤11 如图3-58所示，长按鼠标右键与“Shift键”进入菜单，选择“挤出面”工具，挤出侧尾翼的形状，并通过轴坐标调整形状。

步骤12 长按鼠标右键与“Shift键”进入菜单，选择“插入循环边工具”，用“插入循环边工具”在侧尾翼上多加几段（图3-59）。

图3-58 挤出侧边双尾翼

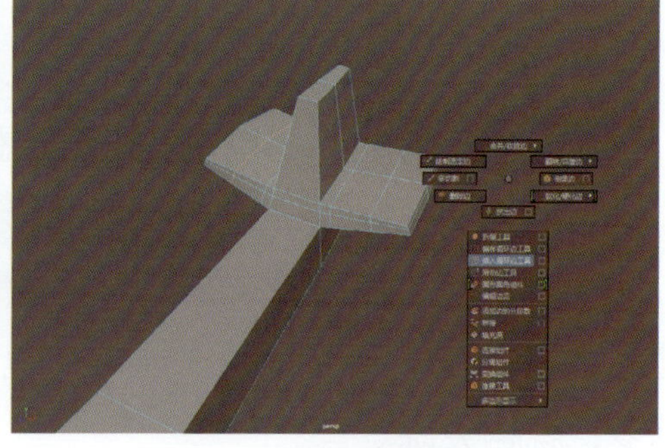

图3-59 添加尾翼结构线

步骤13 如图3-60所示，在对象模式下选中飞机模型，长按鼠标右键与“Shift键”进入菜单，选择“平滑”工具，这样飞机模型就做好了（图3-61）。

图3-60 选择“平滑”工具

图3-61 飞机模型效果图

学习考评单

<table>
<tr><td colspan="3">工作任务：创建一个飞机模型</td><td colspan="3">制作时间：　分钟</td></tr>
<tr><td>任务操作步骤概述</td><td colspan="5"></td></tr>
<tr><td>反馈项目</td><td>自评</td><td>互评</td><td>师评</td><td colspan="2">努力方向、改进措施</td></tr>
<tr><td>操作过程（单选）</td><td>熟练□
不熟练□
不准确□</td><td>熟练□
不熟练□
不准确□</td><td>熟练□
不熟练□
不准确□</td><td colspan="2"></td></tr>
<tr><td>制作效果（单选）</td><td>美观□
相似□
差异大□</td><td>美观□
相似□
差异大□</td><td>美观□
相似□
差异大□</td><td colspan="2"></td></tr>
<tr><td>职业素养（可多选）</td><td>态度认真严谨□
沟通交流有效□
善于观察总结□</td><td>态度认真严谨□
沟通交流有效□
善于观察总结□</td><td>态度认真严谨□
沟通交流有效□
善于观察总结□</td><td colspan="2"></td></tr>
<tr><td>学生签字</td><td></td><td>组长签字</td><td></td><td>教师签字</td><td></td></tr>
</table>

任务实例2 简易椅子模型制作

任务描述 利用Maya多边形建模相关功能，根据任务参考图，建立椅子模型。

任务参考图

任务分析 创建椅子模型是最基础的操作，难度不大。此模型的建造主要是为了提升初学者的建模思路，使其了解到布尔运算工具的使用方法，为以后的建模学习奠定基础。

关键操作功能 挤出面、布尔运算。

任务操作：

步骤1 进入“多边形建模”工具栏，创建一个面片（图3-62）。选择所有的面，然后挤出椅子的厚度（图3-63）。

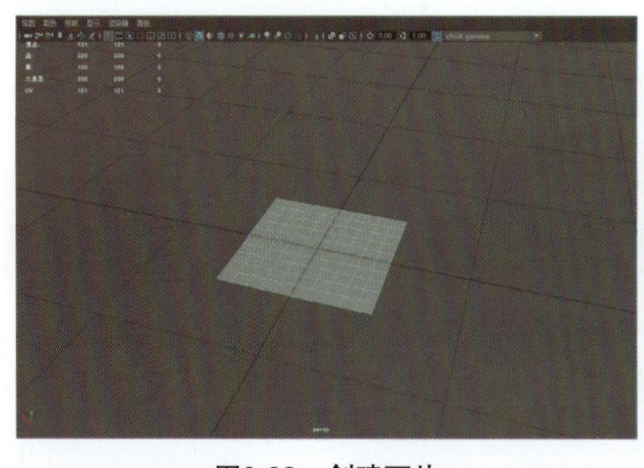

图3-62 创建面片

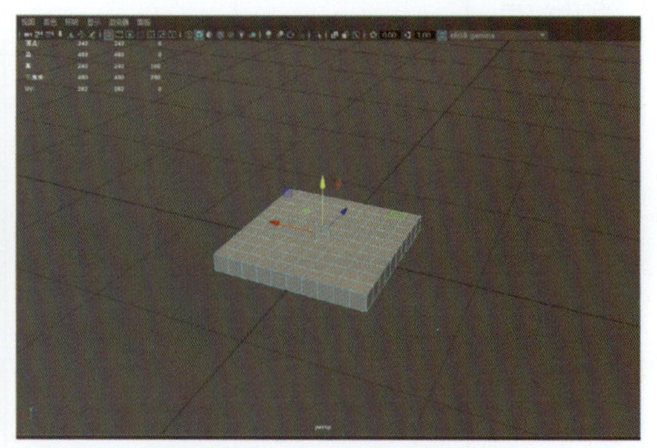

图3-63 挤出椅子的厚度

步骤2 选中左右两边各一列面（图3-64），挤出支柱厚度（图3-65）。

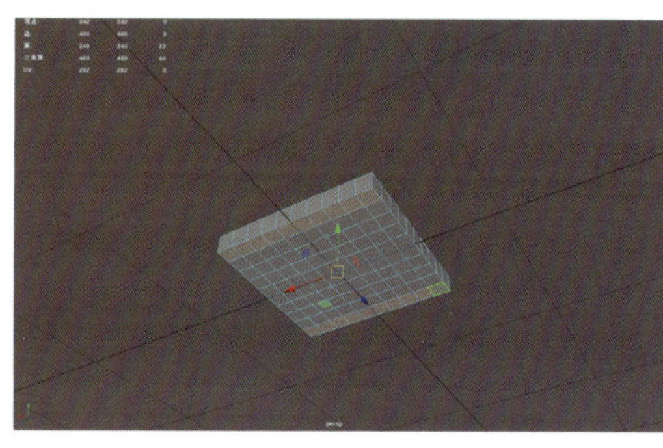
图3-64　选中左右两边各一列面

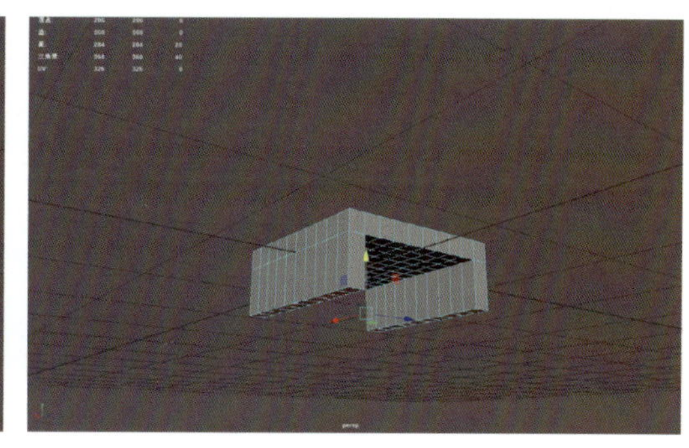
图3-65　挤出支柱厚度

步骤3　选中四个角的面再挤出椅子腿（图3-66）。

步骤4　按“Shift键”＋鼠标右键，选择后方一列面（图3-67）。选中此面，需要删掉多余的边。注意：直接删掉边会保留点。如果要连带点一起删除，可以先选中边再按“Shift＋Delete键”，此时多余的点也一起被删掉了（图3-68）。挤出选中面，形成椅背（图3-69）。

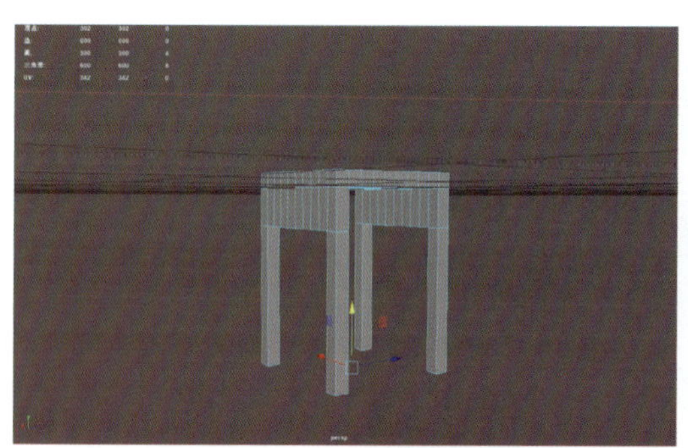
图3-66　挤出椅子腿

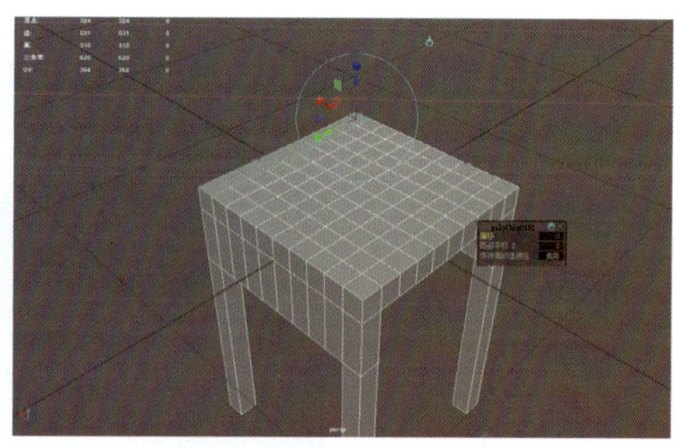
图3-67　选择后方一列面

图3-69　删除多余边

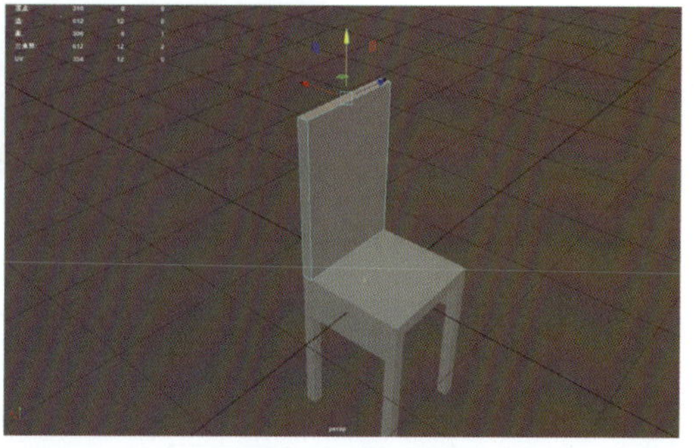
图3-69　挤出椅背

步骤5　建立一个所需镂空大小的立方体，放到镂空所在位置并穿透椅背（图3-70）。先选择椅背后再按“Shift键”加选立方体。使用布尔运算差集，形成如图3-71所示的造型。

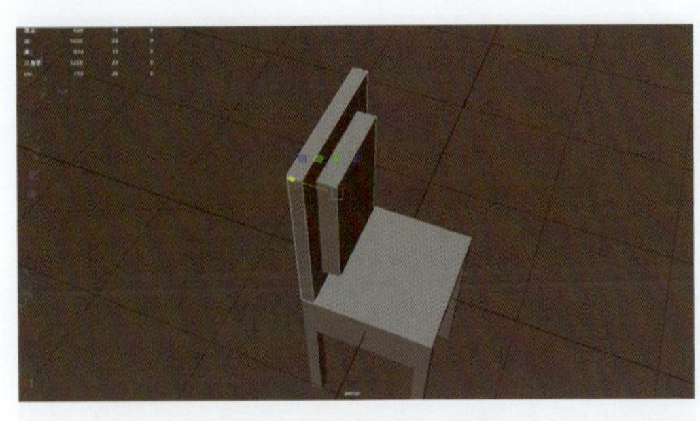

图3-70　建立立方体

图3-71　布尔运算完成效果图

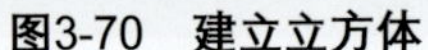

注意：布尔运算后如果出现缺失边现象，需手动布线以保持模型稳定。除了使用布尔运算方法外，也可以手动构建椅背镂空效果。基本思路是，对椅背模型进行九宫格布线，删除中间面片，对侧边进行桥接缝合。

步骤6　选择椅面。如果面数过多，一个一个地添加选择会很琐碎，可使用由点到面的方式选择（图3-72）。复制面，将复制的面挤出后缩放到合适的大小，形成坐垫（图3-73）。此时，椅子就做好了（图3-74）。

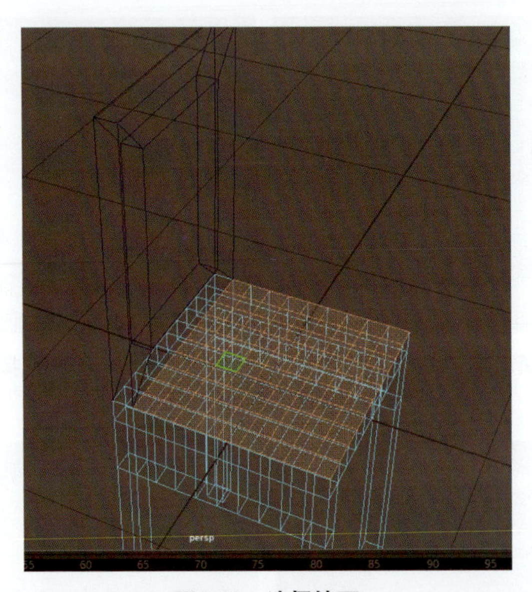

图3-72　选择椅面

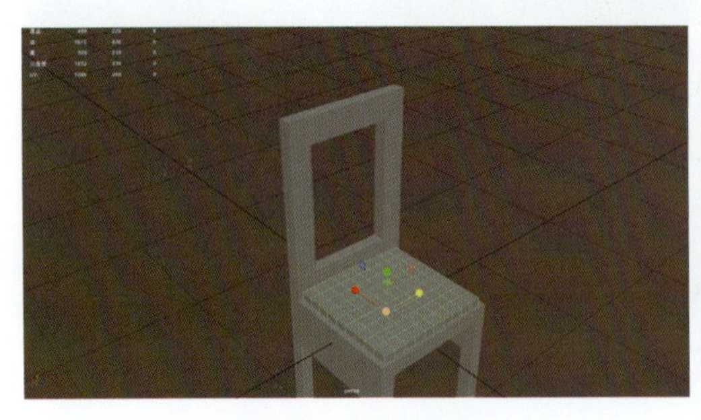

图3-73　挤出坐垫

图3-74　椅子模型效果图

学习考评单

<table>
<tr><td colspan="4">工作任务：简易椅子模型制作</td><td colspan="2">制作时间：　分钟</td></tr>
<tr><td>任务操作步骤概述</td><td colspan="5"></td></tr>
<tr><td>反馈项目</td><td>自评</td><td>互评</td><td>师评</td><td colspan="2">努力方向、改进措施</td></tr>
<tr><td>操作过程（单选）</td><td>熟练□
不熟练□
不准确□</td><td>熟练□
不熟练□
不准确□</td><td>熟练□
不熟练□
不准确□</td><td colspan="2"></td></tr>
<tr><td>制作效果（单选）</td><td>美观□
相似□
差异大□</td><td>美观□
相似□
差异大□</td><td>美观□
相似□
差异大□</td><td colspan="2"></td></tr>
<tr><td>职业素养（可多选）</td><td>态度认真严谨□
沟通交流有效□
善于观察总结□</td><td>态度认真严谨□
沟通交流有效□
善于观察总结□</td><td>态度认真严谨□
沟通交流有效□
善于观察总结□</td><td colspan="2"></td></tr>
<tr><td>学生签字</td><td></td><td>组长签字</td><td></td><td>教师签字</td><td></td></tr>
</table>

任务实例3　简易中式竹编宫灯制作

任务描述 利用Maya多边形建模相关功能，根据任务参考图，建立简易中式竹编宫灯模型。

任务参考图

任务分析 如图所示制作一个简易中式竹编宫灯模型，要求模型镂空结构均匀有规律，可以使用布线、选择技巧完成制作。

关键操作功能 挤出面、刺破面、快速选择集工具。

任务操作：

步骤1 创建一个圆柱，根据需要设置到合适的高度，将顶面与底面的分段（端面细分数）设置为零（图3-75）。增加线段，挤出结构，完成宫灯外形制作（图3-76）。

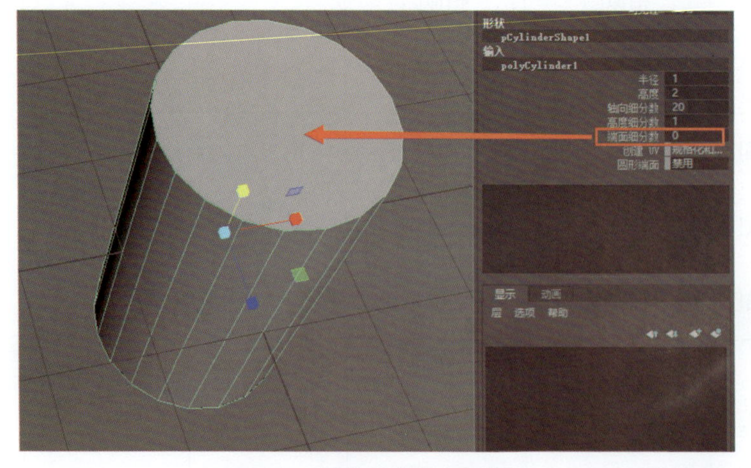

图3-75　调整“端面细分数”

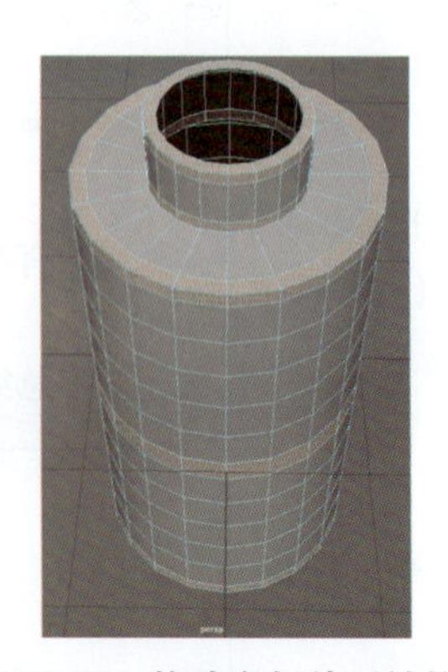

图3-76　构建宫灯外形结构

步骤2 给竹编部分线段打集。选中边（图3-77），点击“创建”>“集”>“快速选择集”工具（图3-78），为其起名。由于此内容为线段，可以取名为line（注意不可用中文）（图3-79）。命名后，在“快速选择集”会出现之前命名的文件“line”（图3-80）。

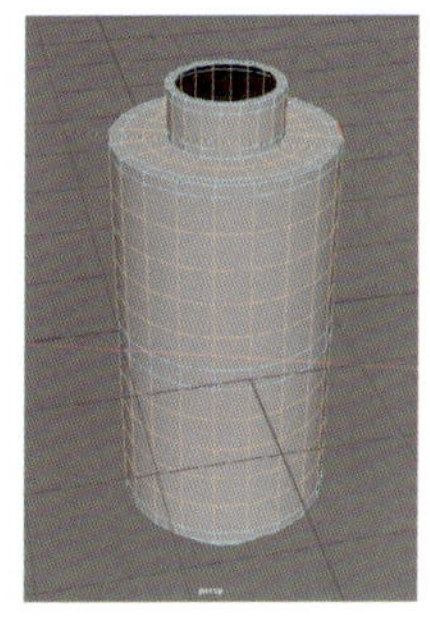

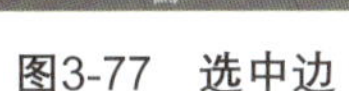

图3-77 选中边

图3-78 使用“快速选择集”工具

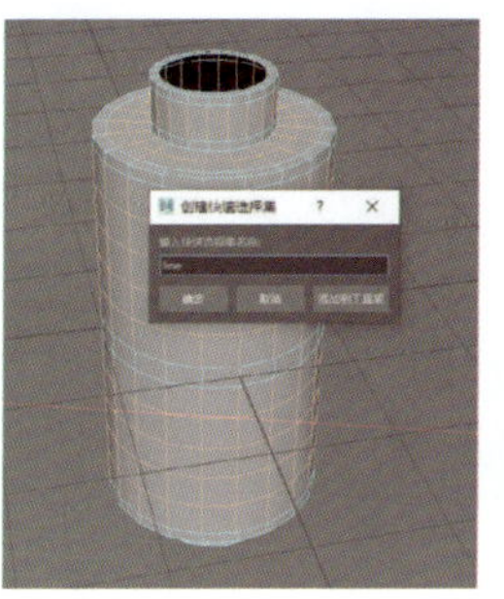

图3-79 输入线段名称

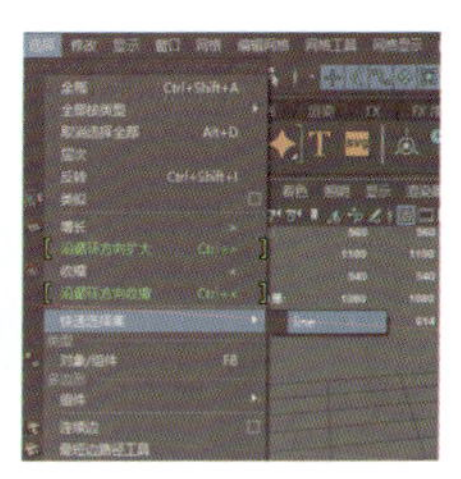

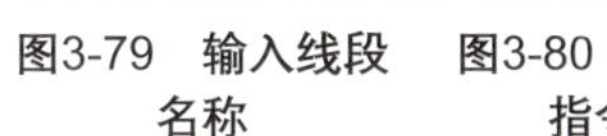

图3-80 “快速选择集”指令工具栏界面

步骤3 选择竹编部分的面，同时按“Shift键”+鼠标右键选择“刺破面”工具（图3-81～图3-83）。

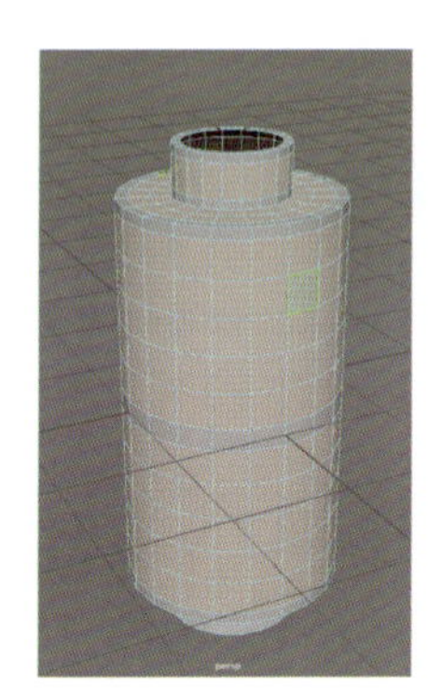

图3-81 选择面

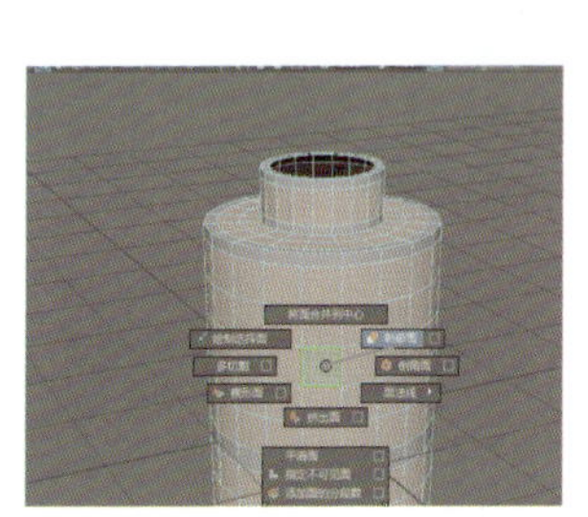

图3-82 使用“刺破面”工具

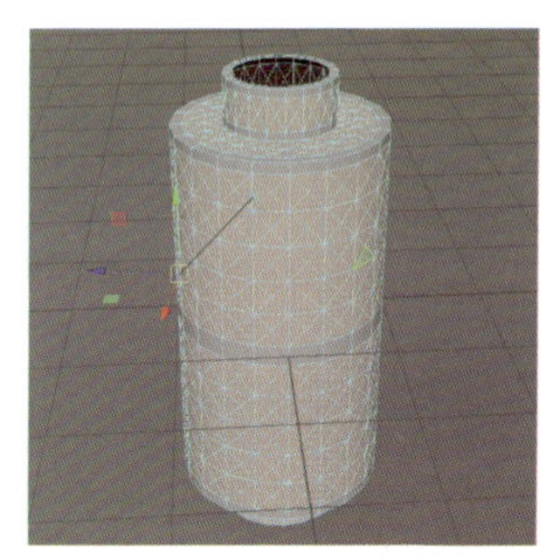

图3-83 刺破面效果图

此时，菱形效果制作出来了，只是中间多了线段，只需要删掉这些线段即可。运用“快速选择集”工具快速选择线段并删除（图3-84、图3-85）。

图3-84 删除多余的线段前 图3-85 删除多余的线段后

步骤4 选择面，使用“挤出面”工具，在“保持面的连接性”功能中选择“禁用”（图3-86～图3-88），挤出效果如图3-89所示。

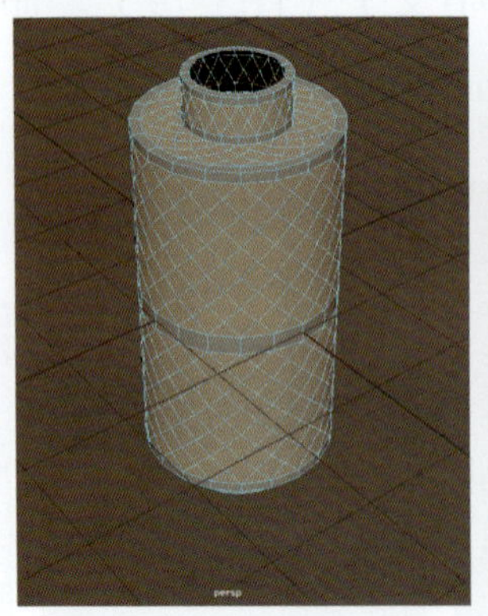

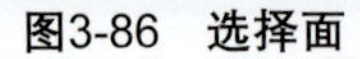

图3-86 选择面

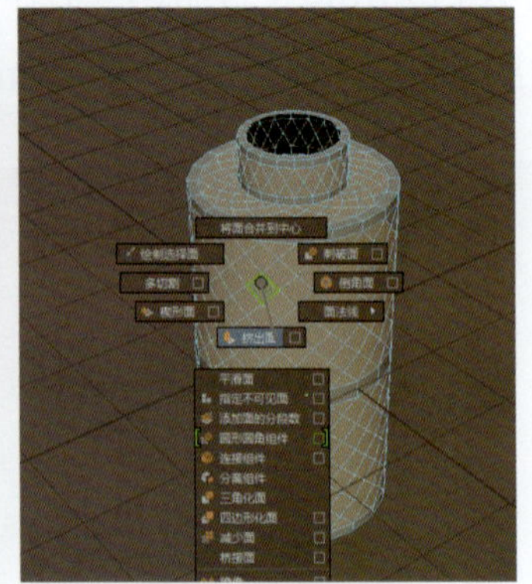

图3-87 挤出面

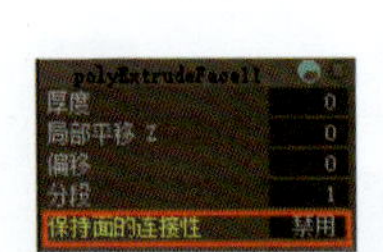

图3-88 调整参数

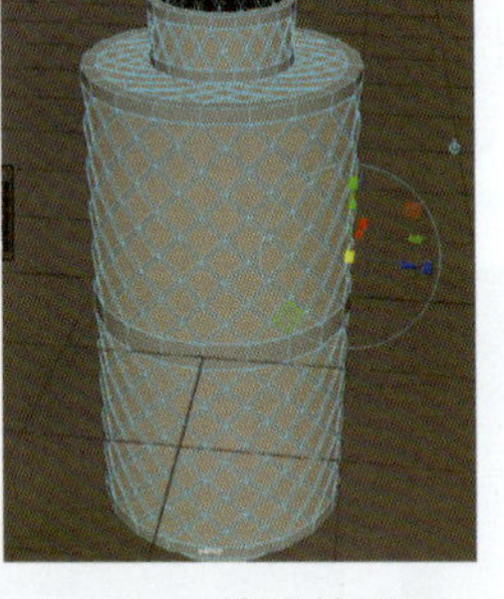

图3-89 挤出效果图

步骤5 删除多余的面，即可得到镂空效果（图3-90）。在对象模式下选中菱形结构，挤出到合适的厚度就完成模型制作了（图3-91）。

图3-90 删除面效果图

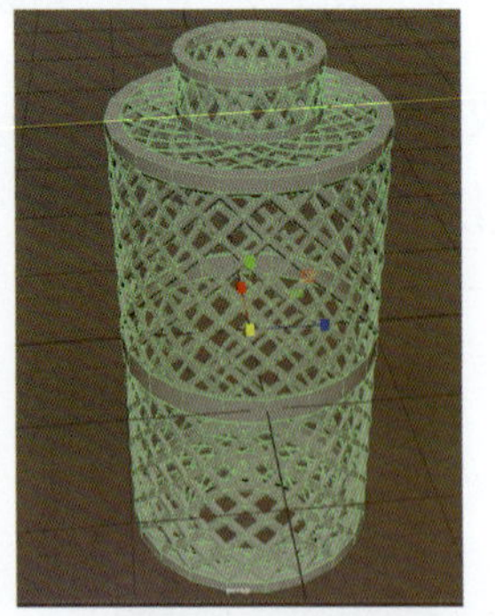

图3-91 完成建模

学习考评单

<table>
<tr><td colspan="4">工作任务：简易中式竹编宫灯制作</td><td colspan="2">制作时间：　分钟</td></tr>
<tr><td>任务操作
步骤概述</td><td colspan="5"></td></tr>
<tr><td>反馈项目</td><td>自评</td><td>互评</td><td>师评</td><td colspan="2">努力方向、改进措施</td></tr>
<tr><td>操作过程
（单选）</td><td>熟练□
不熟练□
不准确□</td><td>熟练□
不熟练□
不准确□</td><td>熟练□
不熟练□
不准确□</td><td colspan="2"></td></tr>
<tr><td>制作效果
（单选）</td><td>美观□
相似□
差异大□</td><td>美观□
相似□
差异大□</td><td>美观□
相似□
差异大□</td><td colspan="2"></td></tr>
<tr><td>职业素养
（可多选）</td><td>态度认真严谨□
沟通交流有效□
善于观察总结□</td><td>态度认真严谨□
沟通交流有效□
善于观察总结□</td><td>态度认真严谨□
沟通交流有效□
善于观察总结□</td><td colspan="2"></td></tr>
<tr><td>学生签字</td><td></td><td>组长签字</td><td></td><td>教师签字</td><td></td></tr>
</table>

知识巩固

一、选择题

1. 多边形对象的面可以是具有任何多个节点的多边形面。该表述是（　）

A. 正确的　　　　　　B. 错误的

2. 以下关于“平滑”工具和快捷键“3键”平滑的工作原理表述正确的是（　）

A. “3键”是通过增加面数使模型更圆润，而“平滑”工具是通过增加面数使模型更圆润

B. “平滑”工具和“3键”平滑的工作原理相似，都是通过增加面数使模型更圆润

C. “3键”是对平滑效果的预览，并没有改变物体结构，而“平滑”工具是通过增加面数使模型更圆润

3. 在NURBS物体上，按住鼠标右键，选择快捷菜单中哪项可以进入曲面点编辑模式（　）

A. Cortrol Vertex　B. Surface Patch　C. Surface Point　D. Hull

4. “挤出”命令作为常用命令，可以通过以下哪些种方法使用（　）

A. 在主菜单栏中选择“编辑网格”>“挤出”

B. 从标记菜单中选择“倒角边”（按住“Shift键”并单击鼠标右键）

C. 在“建模工具包”窗口中单击“挤出”图标

D. 按Ctrl+E

5. 倒角是在面与面相交处出现一个倾斜面，可以用来（　）

A. 减面　B. 填补结构　C. 减少细节　D. 增加细节

二、填空题

1. 可编辑多边形的布尔运算命令包括________________三种。

2. 可编辑多边形对象包含了________________5种子对象模式。

3. “建模工具包”的选择模式分为“选择对象”“多组件”“UV选择”3种。单击其中的“多组件”按钮，其下又分为________________3种方式。

模块3

知识巩固答案

模块4 灯光技术

灯光可以塑造场景的基调和气氛。它有助于表达情感，或引导观众的眼睛到特定的位置，可以为场景提供更大的深度，展现丰富的层次。

Maya 2022拥有完整的物理照明系统，可为渲染提供更高质量的照明效果。该照明会模拟真实的物理现象，如真实的太阳和灯光的反射、折射，以及灯光照射到物体上的散射、反射。此外，它还可以模拟照明，如太阳光和辉光效果，以及不同类型的灯光，如荧光灯、节能灯、LED灯等。

学习目标

- 了解三维环境的灯光原理
- 掌握常见Arnold灯光的使用方法
- 掌握常见Maya灯光的使用方法
- 具有一定的光学、美学感知力
- 养成良好的工作态度、创新意识、精益求精的工匠精神

4.1 光的介绍

市面上大部分三维灯光系统，包括Maya在内，都是以模仿现实灯光原理进行开发的。因此了解真实的灯光原理，有助于我们进行更加科学的三维环境布光工作。

现实生活中，光是一定波长范围内的电磁辐射，它以波动的形式向四周传播。当灯光照射在物体上时，面向光源的部分将被照亮，背向光源的部分将变暗（图4-1）。因为光波属性，根据被射物体的材质差异，反馈在人眼中有吸收、反射或折射等现象。

图4-1　日常灯光照射

（1）光与物体

1）光的反射

反射指光在传播到不同物质时，在分界面上改变传播方向又返回原来物质中的现象。根据被射物体材质差异，反射分为三种类型：漫反射、镜面反射和光泽反射。

漫反射：平行光线射到凹凸不平的表面上，反射光线射向各个方向，这种反射叫作漫反射（图4-2）。日常生活中大部分物体都存在漫反射现象。正是这种现象造成了物体颜色、亮度的相互影响。如图4-3所示，衬布环境对梨造成了色彩影响。

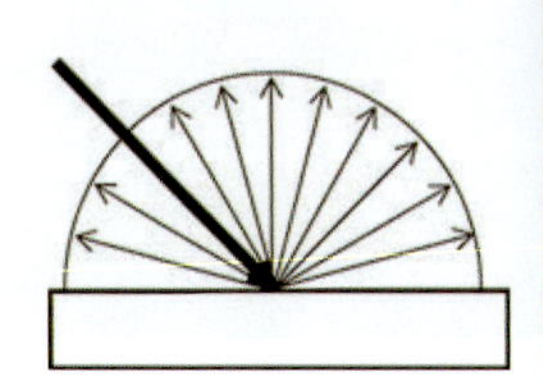
图4-2　漫反射原理

图4-3　漫反射现象

镜面反射：镜面反射是指若反射面比较光滑，当平行入射的光线射到这个反射面时，仍会平行地向一个方向反射出来，这种反射就属于镜面反射（图4-4、图4-5）。

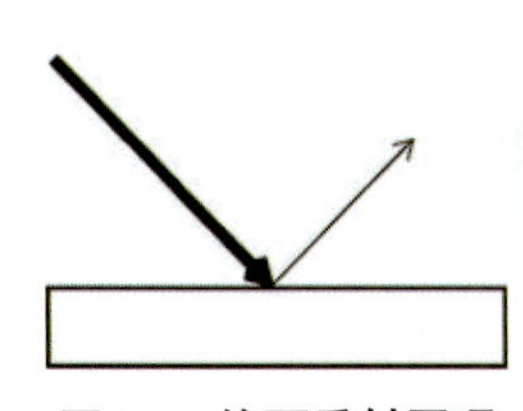
图4-4　镜面反射原理

图4-5　镜面反射现象

光泽反射： 光泽反射介于漫反射和镜面反射之间，一般发生在表面粗糙的高反射属性物体上（图4-6、图4-7）。

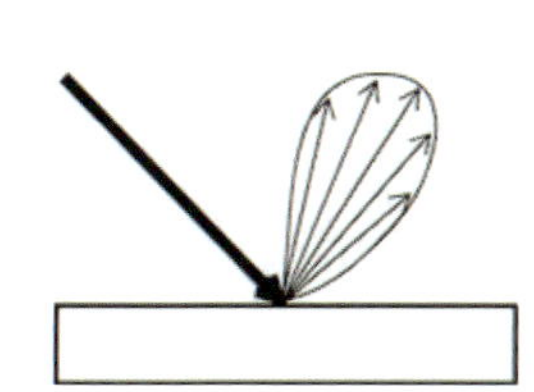

图4-6　光泽反射原理

图4-7　光泽反射现象

2）光的折射

光从一种透明介质斜射入另一种透明介质时，传播方向一般会发生变化，这种现象叫光的折射（图4-8、图4-9）。

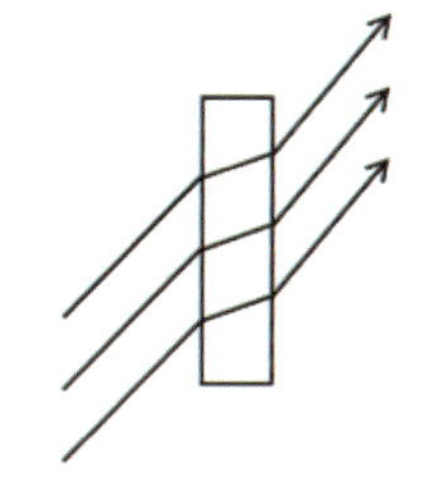

图4-8　光的折射原理

图4-9　光的折射现象

3）光的吸收

遇到吸光性强的物体时，光波在物体上停止且不会反射或折射，对象显示为暗色（图4-10、图4-11）。

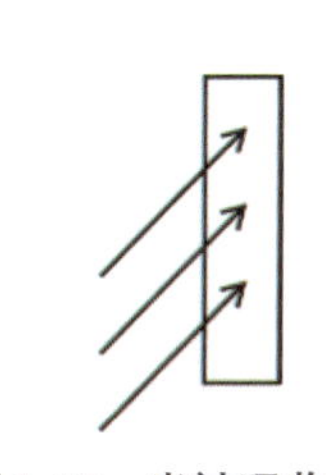

图4-10　光被吸收原理

图4-11　吸光布

（2）认识光影结构——以小球为例

假设一个环境里只有一束光源，主光从侧上方照射小球，会形成五个调子：亮面、灰面、明暗交界线、反光和投影（图4-12、图4-13）。

图4-12　小球模型光影图

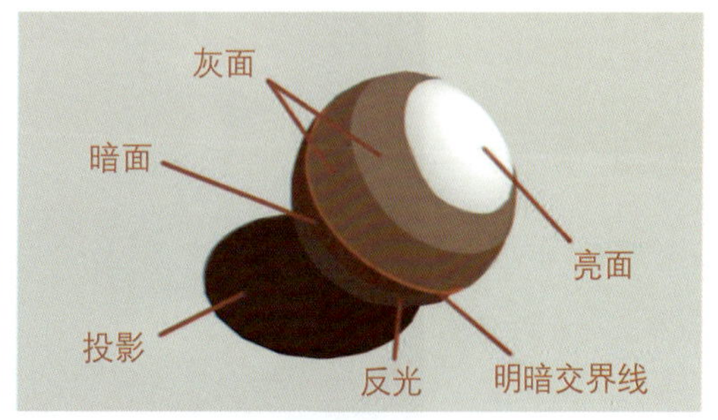

图4-13　小球模型光影示意图

亮面： 是直接受到光的照射的面，是物体表面上最明亮的部分。亮面中最亮即受光的焦点名为“高光点”。高光的面积是非常小的，当然也不是所有物体都有高光，所以不能称为调子。但是它能够表现出物体质感关系，还能加强物体造型的表现力。

灰面：是物体受光线侧面照射的位置。处于亮面和明暗交界线中间过渡位置，灰面的明暗层次变化是最丰富的，逐渐过渡。

明暗交界线：是物体亮部与暗部交接的地方，不但没有受到光线的直接照射，也没有受到环境反光的影响，是物体上颜色最重且明度最低的位置。需要注意明暗交界线不是一条线，而是一条狭长的面，有助于处理明暗对比的大关系，更有助于形体的特征表达和对体积的塑造。

反光：位于物体的暗面，是临近物体的反射光作用于物体的暗面而形成的光。反光会让物体形成一种“透明性”。由于它处于物体的暗面这个特殊位置，因而可以增加物体的体积感和空间感。在Maya渲染中，Arnold渲染器是基于真实物体数据进行渲染的，运用它可以得到更好的、更真实的效果。

投影：指光线被物体遮挡，在物体背光这侧光线对于背景（支撑物）以及临近有遮挡关系的物体留下的影子。投影的形状受光源位置、物体的形状和背景的起伏变化的影响。正常来说投影会近实远虚。

（3）常用灯光——伦勃朗光

伦勃朗是世界著名的荷兰画家。伦勃朗光是一种专门用于拍摄人像的特殊用光技术。它的用光效果是，在人物正脸部分形成一个三角形的光斑，故也称作三角光。这个光斑由眉骨和鼻梁的投影，及颧骨暗区包围形成，如图4-14所示。

图4-14　伦勃朗式用光技术

伦勃朗光技术突出了每副面孔上的微妙之处，即脸部的两侧是各不相同的。其用光效果还可根据摄影者的意愿用辅助光任意调节。虽然伦勃朗光的高反差形式令人感兴趣，但适当运用反光板和辅助光，尽量减少反差，能取得加强整个肖像的效果，从而拍出不同凡响的作品。一般采用伦勃朗光需要两盏灯照明，其灯光布置示意图如图4-15所示。

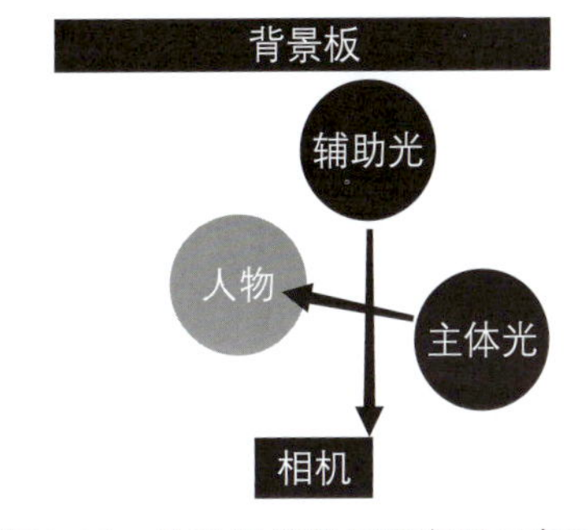

图4-15 伦勃朗光的灯光布置示意图

如图4-16、图4-17所示，可以看到正常光下与伦勃朗光下的人物形象对比。

图4-16 正常光下的人物形象

图4-17 伦勃朗光下的人物形象

（4）常用灯光——三点布光法

三点布光，又称区域照明，一般用于较小范围的场景照明。如果场景很大，可以把它拆分成若干个较小的区域进行布光。三点布光一般有三盏灯即可，分别为主体光、辅助光与轮廓光。三点布光法如图4-18所示。

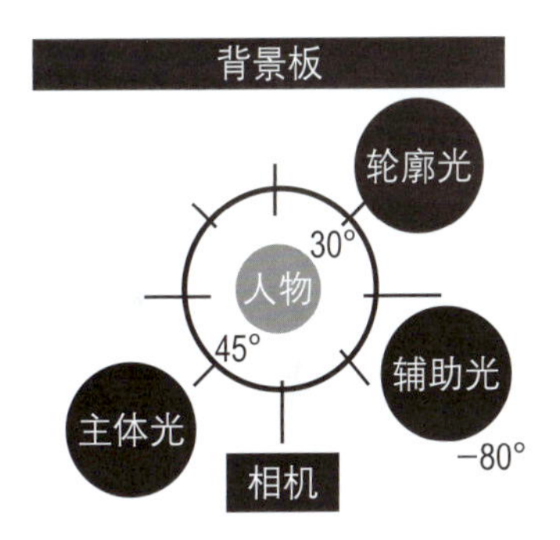

图4-18 三点布光法的示意图

主体光：通常用主体光来照亮场景中的主要对象与其周围区域。主要的明暗关系由主体光决定，包括投影的方向。主体光的任务根据需要也可以用几盏灯光来共同完成。

主光灯在15度到30度的位置上，称为顺光；在45度到90度的位置上，称为侧光；在90度到120度的位置上称为侧逆光。主体光常用聚光灯来完成。

辅助光：又称为补光，是用一个聚光灯照射扇形反射面，以形成一种均匀的、非直射性的柔和光的光源。补光可以填充阴影区以及被主体光遗漏的场景区域，调和明暗区域之间的反差，同时能形成景深与层次，而且这种广泛均匀布光的特性使它为场景打了一层底色，定义了场景的基调。

由于要达到柔和照明的效果，通常辅助光的亮度只有主体光的50%～80%。

轮廓光：又称背光，其作用是将主体与背景分离，帮助凸显空间的形状和深度感，特别是当主体有暗色头发、皮肤、衣服，背景也很暗时，没有轮廓光，它们容易混为一体。轮廓光通常是硬光，以便强调主体轮廓。

如图4-19、图4-20所示，可以看到正常光下与三点布光下的人物形象对比。

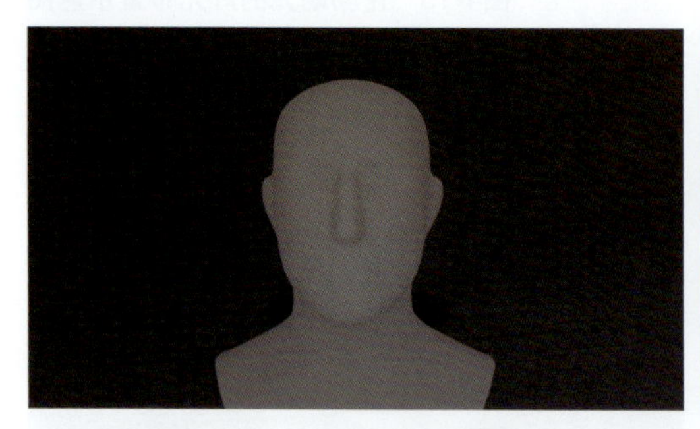

图4-19　正常光下的人物形象

图4-20　三点布光下的人物形象

4.2　Arnold灯光

Maya 2022软件内整合了全新的Arnold灯光系统。使用这一套灯光系统并配合Arnold渲染器，可以渲染出超写实的画面效果。要使用该功能，可以通过两个途径，一是在Arnold工具架上，用户可以找到并使用这些全新的灯光按钮（图4-21）；二是在菜单栏靠后的位置点击“Arnold”>“Lights”（图4-22）。

图4-21　Arnold“灯光”工具（1）

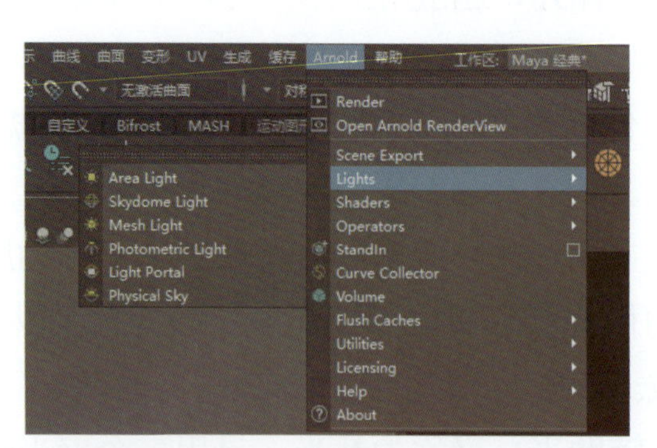

图4-22　Arnold“灯光”工具（2）

Arnold灯光包含：区域光（Area Light）、几何体灯光（Mesh Light）、天穹灯光（Skydome Light）、光度学灯光（Photometric Light）、光通道

（Light Portal）以及物理天空（Physical Sky）。

（1）区域光

区域光是指固定方向的没有厚度的几何形光源。其形状可以是四边形（quad）、圆柱体（cylinder）以及圆盘状（disk），可以点选“属性编辑器”>“Arnold Area Light Attributes”>“Light Shape”进行选择（图4-23）。

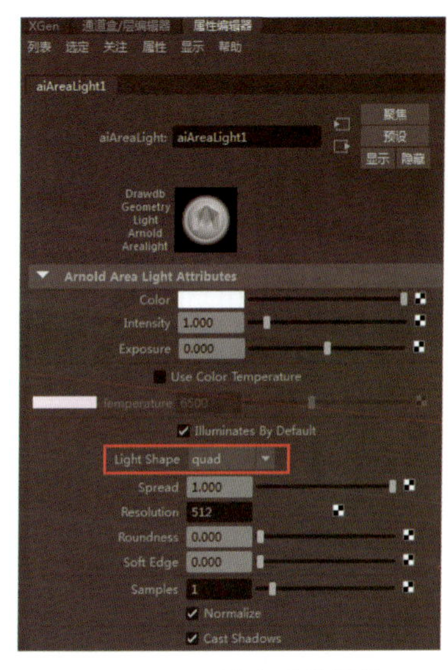

图4-23　区域光形状调节

四边形光：模拟来自四边形区域光源（由4个顶点指定的四边形）的灯光。它可用于对来自扩展光源（荧光灯条状灯光）或某些情况下来自窗户的灯光进行建模。

圆柱体光：模拟来自圆柱区域光源（管状）的灯光。增加圆柱体光大小将创建一个更大的区域光，因此将柔化垂直于圆柱体轴的阴影。圆柱体光的形状始终是圆形的，无法通过缩放宽度来创建椭圆。

圆盘状光：模拟来自圆形区域光源（圆盘状）的灯光。

（2）几何体灯光

几何体灯光能将普通模型变成发光体。创建几何体灯光，首先要选择物体，然后转到“Arnold”>“灯光”>“几何体灯光”（Arnold>Light>Mesh light），灯光就创建完成了（图4-24）。

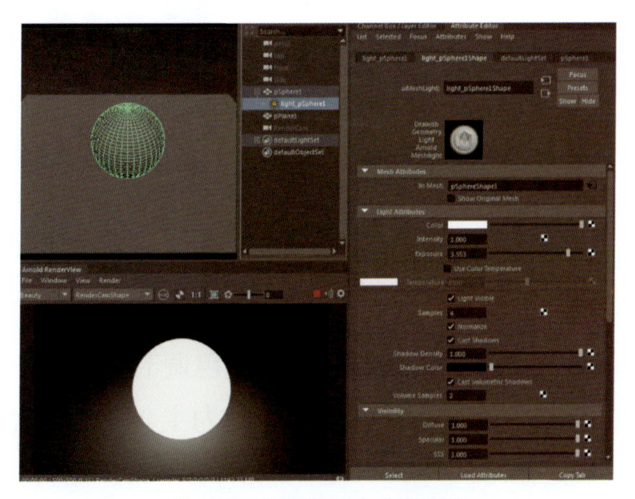
图4-24　几何体灯光参数调节

注意：几何体灯光的计算较慢（指渲染过程），噪点也较多（指渲染结果）。另外，NURBS曲面当前无法与“几何体灯光”结合使用。

（3）天穹灯光

天穹灯光主要用来模拟真实的日光照明及天空效果。在Arnold工具架上，单击“创建环境光”图标，即可在场景中添加环境光。创建环境光之后，会出现一个球包裹住场景（图4-25）。

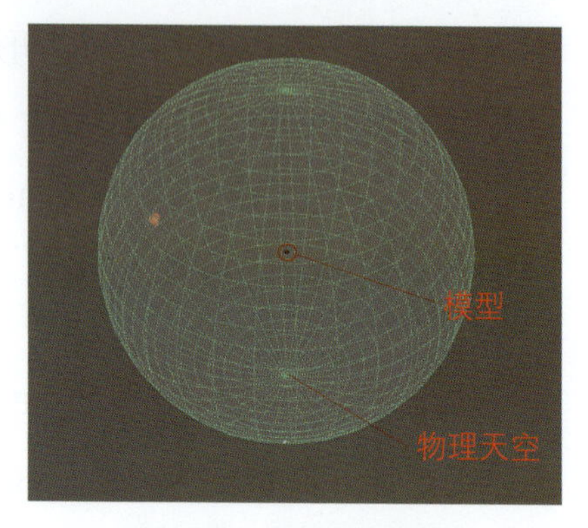

图4-25　环境光示意图

使用天穹灯光时，可以将需要实现的场景拍照或者做出HDR图片贴入环境光中，场景的光源和阴影都是根据HDR图片进行模拟。需要在其“属性编辑器”中，点击“颜色”（Color）后的棋盘格小标志，然后点击导入文件——HDR图片。

（4）光度学灯光

光度学灯光多用于室内设计，是一种关于灯源的三维表现形式，光源信息储存在IES文件当中。光度学灯光使用的是从真实世界灯光测量得到的数据，通常直接来自灯泡和灯罩制造商。

在使用光度学灯光时，需要注意场景的真实比例。

（5）灯光属性详解

1）颜色、强度和曝光值

在Arnold灯光系统中，颜色、强度和曝光值与Maya自带灯光参数相似，按需调整即可（图4-26）。调整颜色仅需要滑动滑块即可，往高是冷色（蓝色调），往低是暖色（红黄色调）。

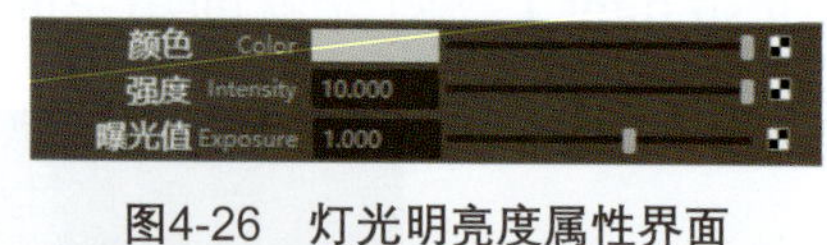

图4-26　灯光明亮度属性界面

图4-27　灯光色温参数界面

在Arnold灯光系统调节颜色时，不仅仅可以调整“颜色”（Color），还可以调节“色温”（Color Temperature），开启色温调节需要勾选Use Color Temperature（图4-27）。色温调节比颜色调节更容易出效果。

色温数值在3000以下就是以黄光和红光为主，其色温给人的感觉是比较温馨的；色温数值在3000～6000之间时，红、绿、蓝各占一定比例，其色温比较接近太阳光，给人一种很自然的感觉；6000～10000之间的色温，蓝色比例较大，适用于比较严肃的场景。

2）规格化属性

在Arnold灯光系统中，灯光的“规格化属性”默认是开启的（图4-28）。此时，缩放灯光只是将灯光覆盖范围进行了调节，而灯光的整体亮度是不变的（图4-29、图4-30）。

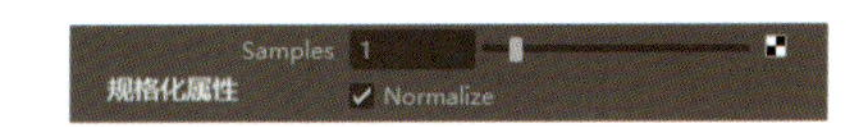

图4-28　灯光“规格化属性”参数界面

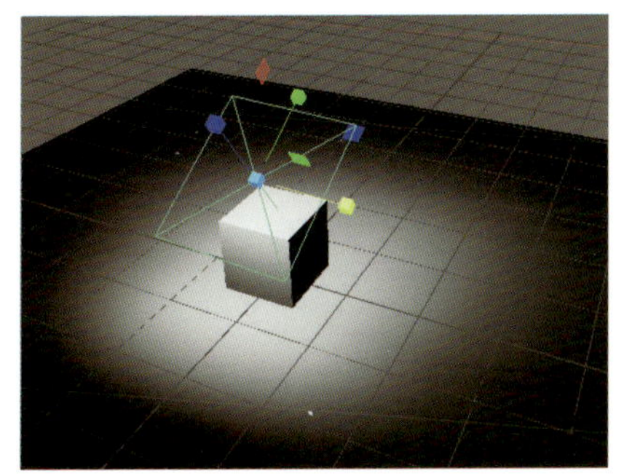

图4-29　缩放灯光前

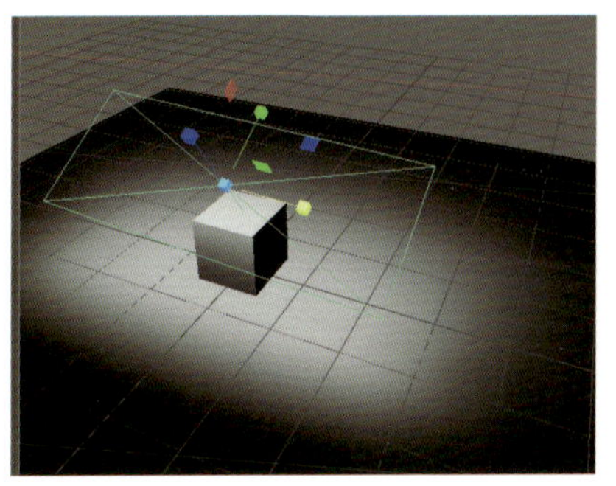

图4-30　缩放灯光后亮度无变化

如果需要灯光有体积感，就需要取消勾选“规格化属性”，此时再调整灯光的尺寸，灯光的亮度也会随着改变（图4-31、图4-32）。

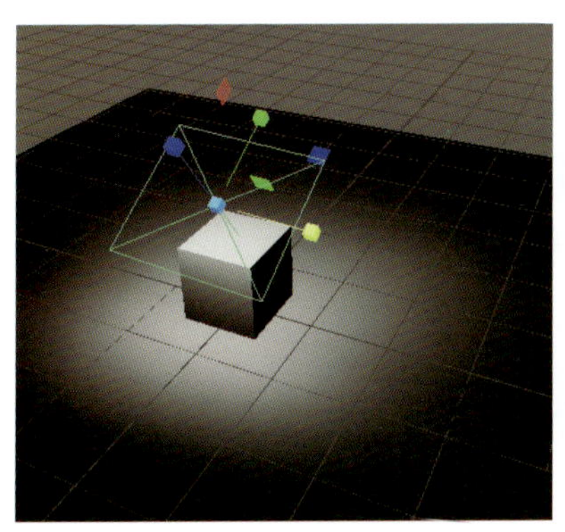

图4-31　缩放灯光前

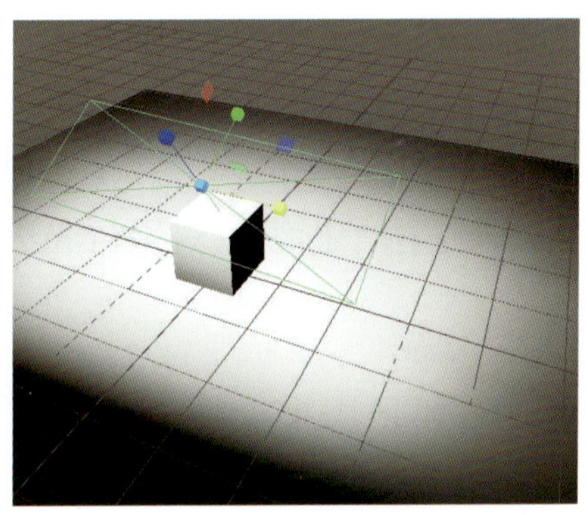

图4-32　缩放灯光后亮度变化明显

3）可见光属性

如图4-33所示，以漫反射控制的灯光反射效果为例，其反射光的方向是四散的。因此，“可见光属性”栏内漫反射值越小，物体的反射灯光的效果就会越弱（即灯光效果越弱）。

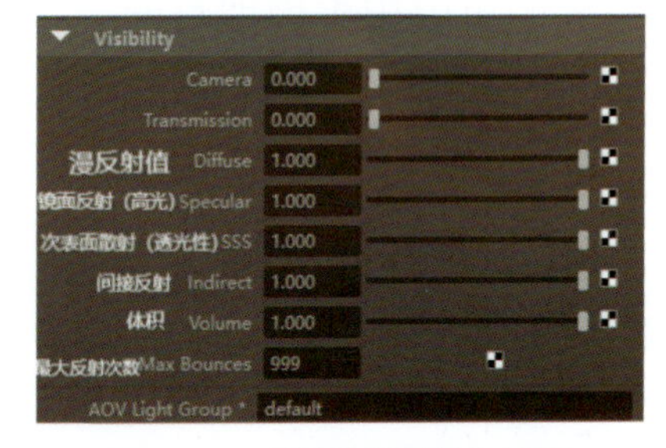

图4-33　“可见光属性”界面

4.3 Maya灯光

Maya自带的灯光一共有六种，其中平行光、点光源、聚光灯、区域光是通用光源，即Maya默认渲染器和Arnold渲染器都支持，而环境光和体积光仅支持Maya默认渲染器。

图4-34 Maya灯光工具栏

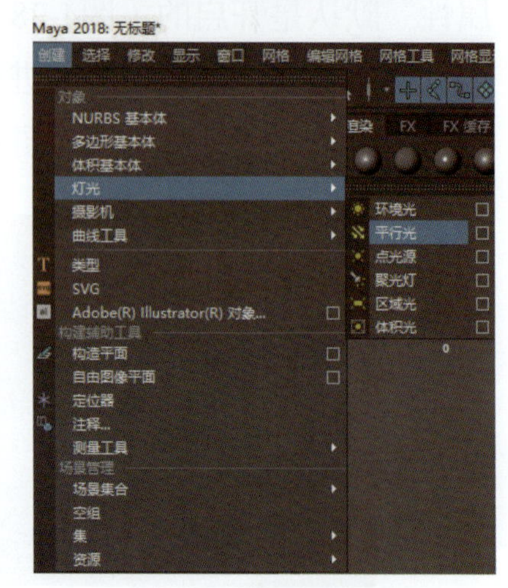

图4-35 创建平行光

Maya自带灯光可以在两个位置找到，一个是在渲染界面（图4-34），另外一个是在“创建”>“灯光”中选取所需要的灯光（图4-35）。

（1）环境光

环境光是散射的，主要用于提高环境的整体亮度。选中环境光之后，按“Ctrl+A”打开属性编辑器。按照所需对颜色和强度进行调整即可。需要注意的是环境光并不支持Arnold渲染器。

（2）平行光

平行光是一个方向性光源，所以对其进行缩放和移动都不会对灯光效果造成影响。要调整平行光，除了基础的旋转以外，可以拉“T键”显示操纵器，然后通过两个操纵器对平行光进行调节。

（3）点光源

点光源主要是用来模拟灯泡和作为补光工具使用。当使用默认强度时，在Maya渲染器中是很容易渲染出效果的，但是Arnold渲染器的灯光具有衰退效果，所以当使用Arnold渲染器时，通常情况下需要调整灯光强度。点光源可以用来模拟灯泡、萤火虫、烟花、火花等效果。

（4）聚光灯

聚光灯是一个近似锥形的光源效果，可以用来模拟舞台灯光、汽车前照灯、手电筒、台灯等效果。创建聚光灯之后需要对其位置进行调节，直接手动调节有时候并不方便，这个时候可以在面板菜单中使用“沿选择对象查看”进入灯光视角，在圈内的物体就是灯光照射范围，通过调节灯光视角可以快速、准确地将物体移动到照射范围内（图4-36）。调整好角度后再点击“面板”>“透视”>“选择透视摄影机”就可以回到场景中了。也可以按“T键”显示操纵器进行调节。在这个模式中，点击“属性切换”按钮可以调整照射范围，点击灯上显示的点进行拖动可以调整灯光照射范围。

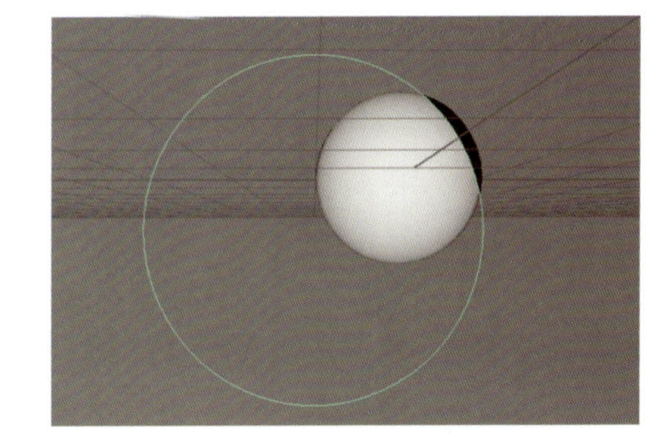

图4-36　聚光灯示意图

另外，在“属性编辑器”内可以对聚光灯“半影角度”和“衰减”值进行调节（图4-37）。

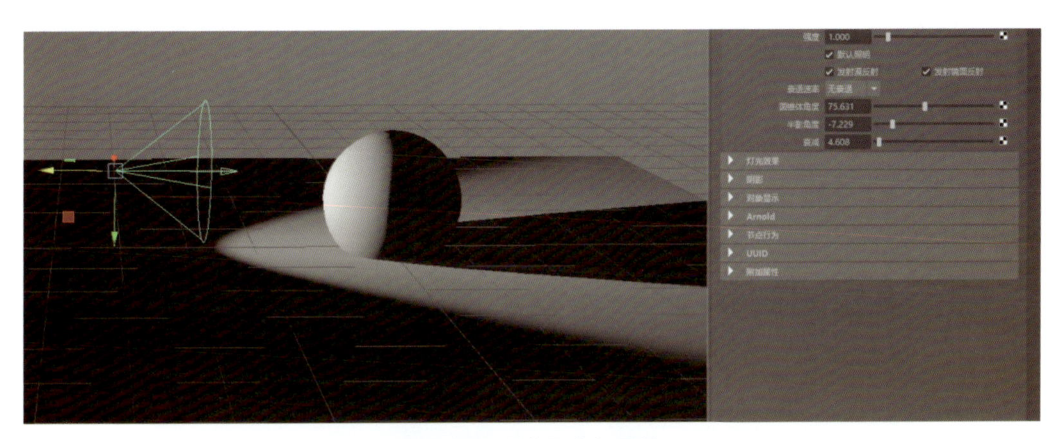

图4-37　调节聚光灯属性

聚光灯存在区域光源和体积光源概念。区域光源的大小决定了灯光发光的范围，可以利用“T键”调节。体积光源就是对光源所覆盖到的场景进行照明。在这里需要注意的是，体积光源并不能直接在工作区查看，需要在渲染器中渲染才能看见，所以需要大致确定范围和强度之后进行渲染，根据渲染结果再进行精细调整。

（5）区域光

区域光是一个近似矩形的光源效果，可以用来模拟摄影棚柔光箱、方形灯以及阳光透过玻璃窗的照射效果。

（6）体积光

体积光能控制光线所到达的范围，如蜡烛照亮的区域就可以用体积光生成。

（7）灯光默认设置

在Maya内部模型默认被照亮，是因为开启了默认照明，如果想更好地看到灯光效果，可以将照明方式改为“使用所有灯光”。设置好之后，场景会变成黑色，在这个时候建立灯光效果就非常明显（图4-38、图4-39）。

图4-38　关闭默认照明

图4-39　关闭默认照明并建立灯光

如果需要看到阴影，直接在工作区快捷栏打开阴影效果即可（图4-40）。

图4-40　阴影效果

在这里还需要了解的是在快捷栏更改的照明方式仅仅是用来预览的，并不会因为选了某个照明模式而改变最终渲染效果。

即使在场景中没有设置灯光，在Maya默认渲染器中渲染还是会有灯光效果能正常渲染出图像。而在Arnold渲染器中，场景没有灯光，渲染结果是全黑色。这是因为Maya渲染器设置中，“公用”属性最下方的“渲染选项”中，勾选了“启用默认灯光”（图4-41）。如果将其禁用，这个默认照明就不会被渲染出来了。

图4-41　启用默认灯光

4.4 任务实例

任务实例　创建三点式灯光场景

任务描述 创建三点式灯光表现圆柱体结构。

任务分析 需要根据物体结构，观测角度调整灯光位置与强弱。

关键操作功能 区域光照明属性调节、区域光摆放位置。

任务操作

步骤1 启动中文版Maya 2022。

步骤2 创建一个面片和圆柱体，并通过“缩放”工具调整形状（图4-42）。

步骤3 在视图窗口的左上角处，点击“照明”>“使用所有灯光”，并勾选“阴影”（图4-43）。

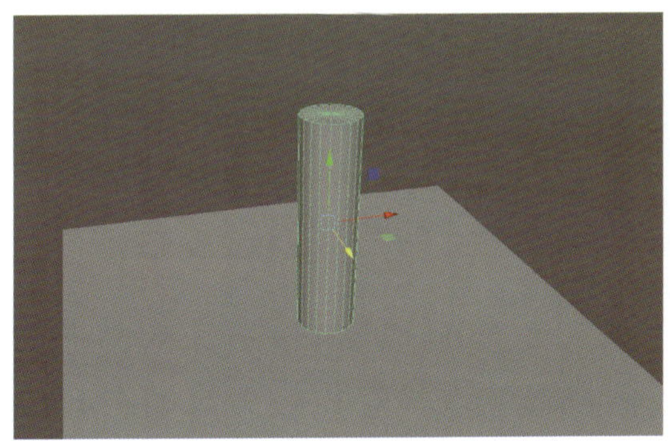

图4-42　调整形状

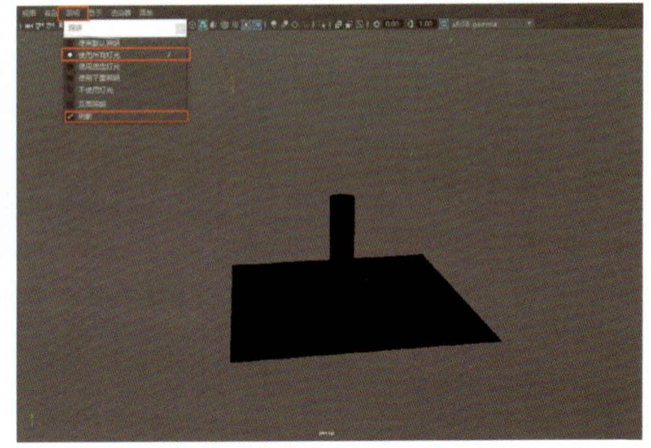

图4-43　调整照明参数

步骤4 在“渲染”模块中点击新建“区域光”，建立三个区域光（图4-44）。

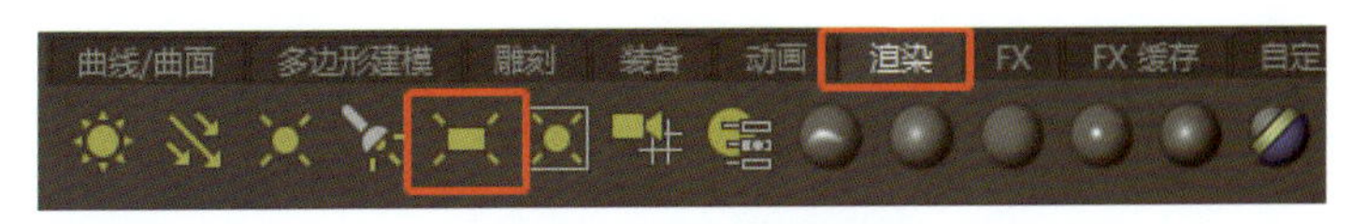

图4-44　建立区域光

步骤5 分别为三个区域光调整照明参数，主体光调整为1.5（图4-45），辅助光调整为0.5，轮廓光调整为0.3。

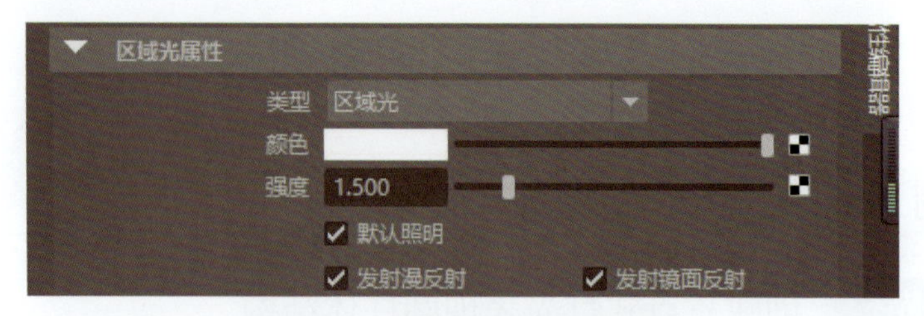

图4-45　调整区域光的照明参数

步骤6　将透视视图调整为顶视图，三个区域光分别对应主体光、辅助光以及轮廓光的位置（图4-46）。

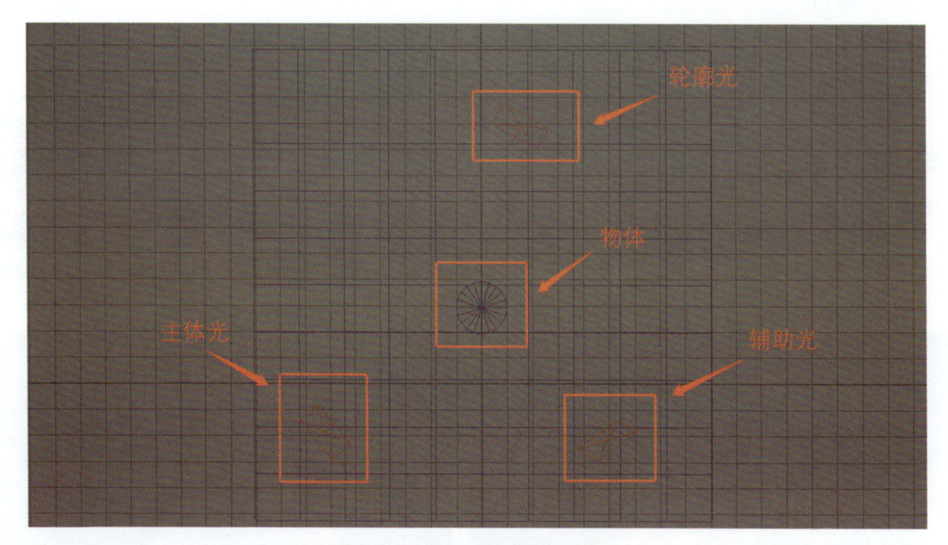

图4-46　灯光摆放位置示意

步骤7　最后调整为透视视图，查看三点式灯光效果，如图4-47所示。

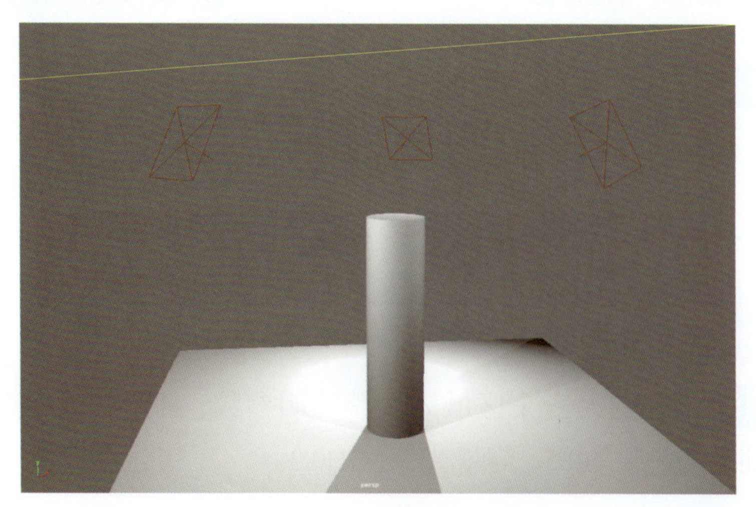

图4-47　三点式灯光效果图

学习考评单

<table>
<tr><td colspan="3">工作任务：创建三点式灯光场景</td><td colspan="3">制作时间：　分钟</td></tr>
<tr><td>任务操作步骤概述</td><td colspan="5"></td></tr>
<tr><td>反馈项目</td><td>自评</td><td>互评</td><td>师评</td><td colspan="2">努力方向、改进措施</td></tr>
<tr><td>操作过程（单选）</td><td>熟练□
不熟练□
不准确□</td><td>熟练□
不熟练□
不准确□</td><td>熟练□
不熟练□
不准确□</td><td colspan="2"></td></tr>
<tr><td>制作效果（单选）</td><td>美观□
相似□
差异大□</td><td>美观□
相似□
差异大□</td><td>美观□
相似□
差异大□</td><td colspan="2"></td></tr>
<tr><td>职业素养（可多选）</td><td>态度认真严谨□
沟通交流有效□
善于观察总结□</td><td>态度认真严谨□
沟通交流有效□
善于观察总结□</td><td>态度认真严谨□
沟通交流有效□
善于观察总结□</td><td colspan="2"></td></tr>
<tr><td>学生签字</td><td></td><td>组长签字</td><td></td><td>教师签字</td><td></td></tr>
</table>

知识巩固

一、选择题

1. 根据被射物体材质差异，反射分为（　）

A. 镜面反射、光泽反射

B. 漫反射、光泽反射

C. 漫反射、镜面反射和光泽反射

2. 自然界物体颜色、亮度相互影响，是因为（　）

A. 光的折射　　B. 光的漫反射　　C.镜面反射　　D. 物体发光

3. 轮廓光的作用是（　）

A 将主体与背景分离，帮助凸显空间的形状和深度感

B. 将主体与背景融合并同化物体与背景色差

C. 将主体与背景融合并同化物体与背景质感

4. 即使在场景中没有设置灯光，在Maya默认渲染器中渲染还是会有灯光效果能正常渲染出图像。而在Arnold渲染器中，场景没有灯光，渲染结果是全黑色。这句话的表述是（　）

A. 正确的　　B. 错误的

5. 以下关于Arnold灯光色温描述正确的是（　）

A. 数值越高，颜色越暖，反之越冷

B. 数值越高，颜色越冷，反之越暖

C. 数值与颜色冷暖没有关联

二、填空题

1. 五调子是指________________。

2. 用伦勃朗光拍摄时，被摄者脸部阴影一侧对着相机，灯光照亮脸部的________，阴影一侧面部会出现三角形亮部。

3. 三点布光时，一般有三盏灯即可，分别为__________。

模块4
知识巩固答案

模块5 摄影机技术

Maya 2022中的摄影机是一种虚拟的摄影机，它可以模拟真实摄影机的功能，例如调节焦距，改变曝光时间，调整光圈等，帮助制作者视觉化场景，调整视角，同时控制视角的角度和高度，来完成想要的效果。

学习目标

- 了解Maya 2022不同摄影机的工作特点和创建方法
- 掌握常用摄像机使用、调节方法
- 具有一定的摄影构图艺术修养
- 养成良好的工作态度、创新意识、精益求精的工匠精神

5.1 Maya摄影机

Maya 2022的摄影机类型多样，如现实世界摄影机，基于虚拟摄影机，支持自定义摄影机设置，支持模拟和实时摄影机渲染，支持完整的摄影机动画，支持多视图渲染，支持各种类型的摄影机参数，以及支持灯光模拟和特效模拟。

（1）窗口摄影机

如图5-1所示，在Maya 2022“大纲视图”中可看到场景中有4台摄影机，这4台摄影机的名称颜色呈灰色，说明这4台摄影机目前正处于隐藏状态，分别用来控制“顶视图”、“透视视图”“前视图”和“侧视图”（图5-2）。

图5-1 Maya摄影机

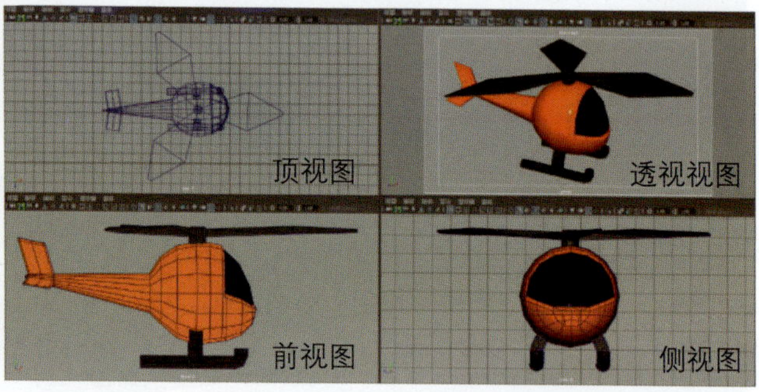

顶视图 透视视图 前视图 侧视图

图5-2 Maya视图界面（来自Autodesk官网）

（2）基本摄影机

基本摄影机可用于静态场景和简单的动画（向上、向下，一侧到另一侧，进入和出去），如场景的平移（图5-3）。

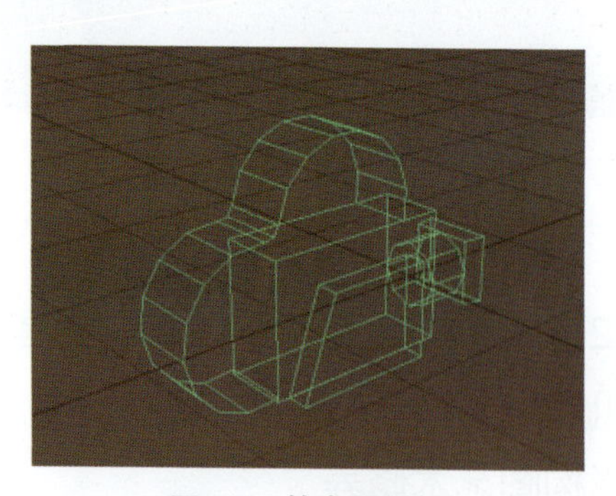

图5-3 基本摄影机

（3）摄影机和目标

“摄影机和目标”（Camera and Aim）的目标点决定了摄影机方向和拍

摄内容，也可用于追踪运动对象。此摄影机可用于较为复杂的动画，如追踪鸟的飞行路线（图5-4）。

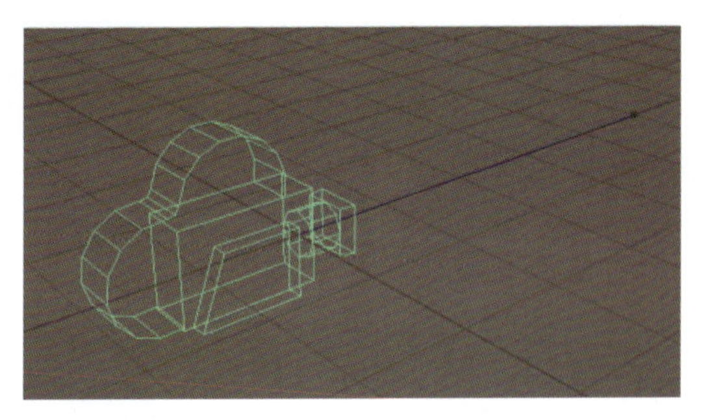

图5-4　摄影机和目标

（4）摄影机、目标和上方向

“摄影机、目标和上方向”（Camera, Aim, and Up）可以指定摄影机的哪一端必须朝上。此摄影机适用于复杂的动画，如随着转动的过山车移动（图5-5）。

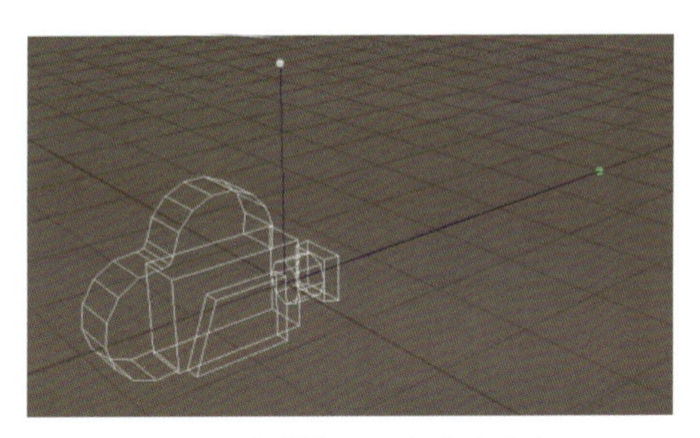

图5-5　摄影机、目标和上方向

（5）立体摄影机

立体摄影机可以创建具有三维景深的渲染效果。当渲染立体场景时，Maya会考虑所有的立体摄影机属性，并执行计算以生成可被其他程序合成的立体图像或平行图像（图5-6）。

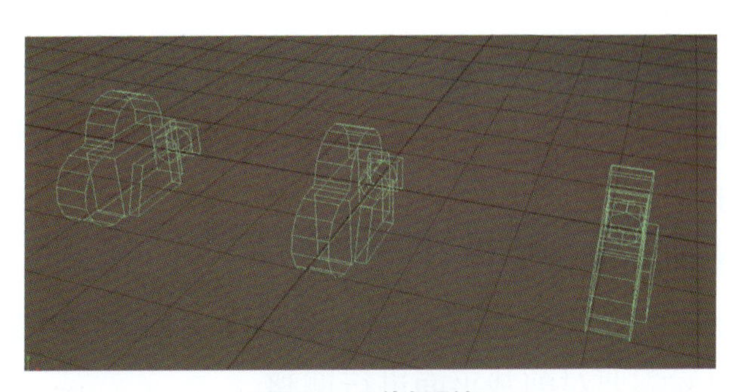

图5-6　立体摄影机

5.2 摄影机参数设置

如图5-7所示，摄影机创建完成后，用户可以通过“属性编辑器”面板来对场景中的摄影机参数进行调试，比如控制摄影机的视角、制作景深效果或是更改渲染画面的背景、颜色等。

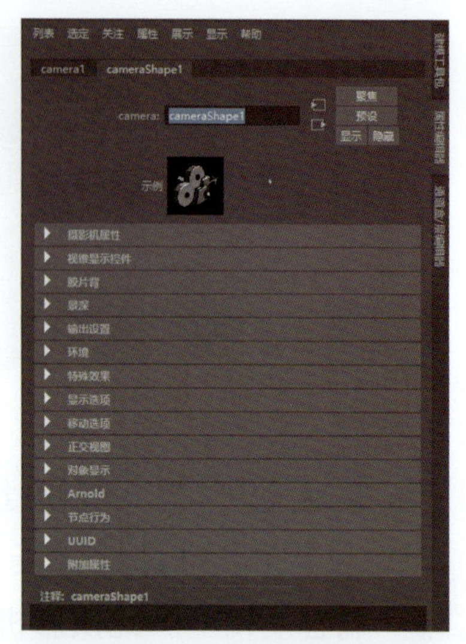

图5-7　摄影机“属性编辑器”面板

（1）“摄影机属性”卷展栏

展开“摄影机属性”卷展栏，其中的命令参数如图5-8所示。

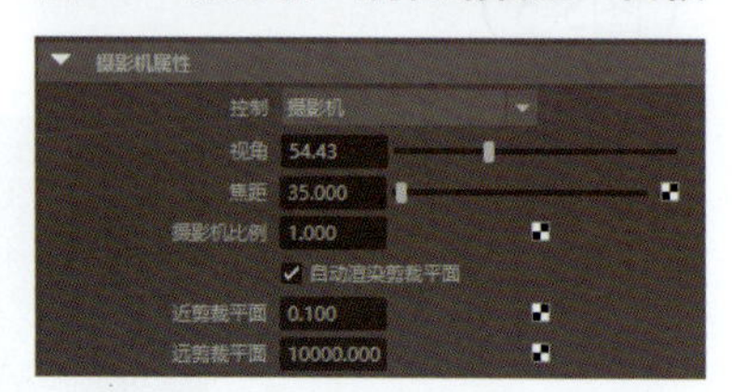

图5-8　“摄影机属性”卷展栏

1）控制

在“控制”栏中可以选择摄影机类型（“摄影机”“摄影机和目标”“摄影机、目标和上方向”）。

2）视角

视角参数可用于调节摄影机视觉角度。

3）焦距

增加“焦距”可拉近摄影机镜头，并放大对象在摄影机视图中的大小。减小“焦距”可拉远摄影机镜头，并缩小对象在摄影机视图中的大小。有效范围为2.5到100000。如果值大于3500，则输入值而不是使用滑块。默认值为35。

调整焦距是为了帮助做好透视。参数值设为50～55可以模拟人眼透视效果，但是很多时候镜头会出现夸张效果，所以需要多尝试。在对准摄影机透视后需要锁定摄影机，避免不小心移动。

4）摄影机比例

根据场景缩放摄影机的大小。例如，如果摄影机比例为0.5，则摄影机视图的覆盖区域为原来的一半，而对象在摄影机中的视图将是原来的两倍大。如果焦距为35，则摄影机的有效焦距为70。

5）近剪裁平面/远剪裁平面

有一种特殊情况，当场景过大时会出现显示不全/边缘出现锯齿（图5-9），在这个时候需要对剪裁平面进行调整。

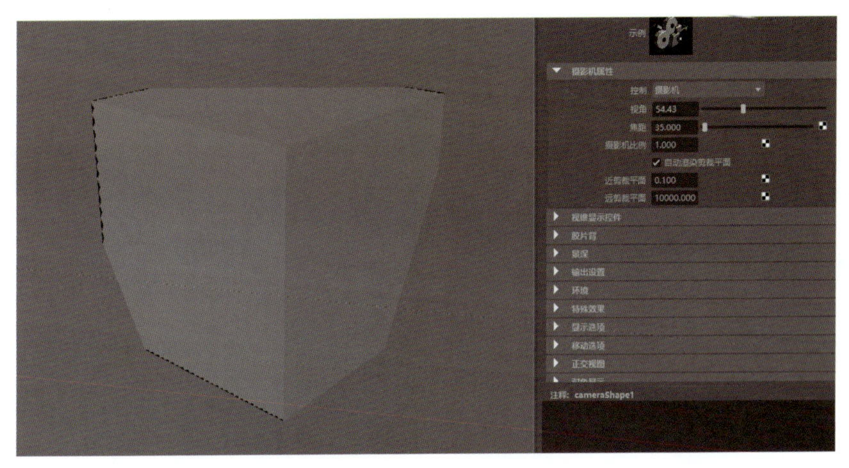

图5-9　物体边缘出现锯齿

出现锯齿需要加大“近剪裁平面”。如图5-10所示，将“近剪裁平面”从“0.1”调整到“1”后，锯齿基本上消失。

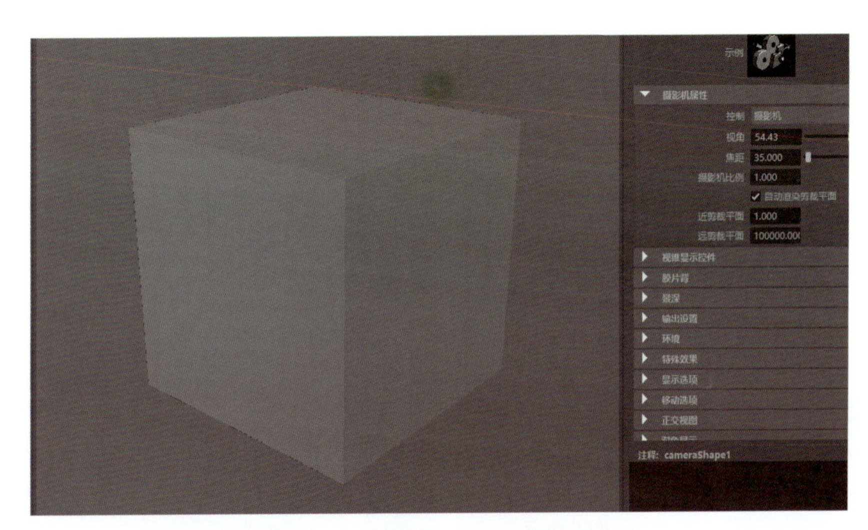

图5-10　摄影机剪裁平面参数调节

（2）“景深”卷展栏

展开“景深”卷展栏，其中的命令参数如图5-11所示。

图5-11　“景深”卷展栏

1）景深

“景深”效果是摄影师常用的一种拍摄效果。在聚焦完成后，焦点前后的范围内会呈现清晰的图像，这一前一后的范围便叫作景深。若启用“景深”，其效果将取决于对象与摄影机的距离，焦点将聚焦于场景中的某些对象，而其他对象会模糊或超出焦点。如果禁用此选项，焦点将会聚焦于场景中的所有对象。“景深”默认情况下处于禁用状态。在渲染中通过“景深”特效常常可以虚化背景，从而达到表现画面主体的作用。如图5-12所示。

图5-12　关闭景深（左图）、开启景深（右图）

2）聚焦距离

聚焦距离为聚焦的对象与摄影机之间的距离，在场景中使用线性工作单位测量。减小“聚焦距离”将降低景深。其有效范围是0到无限，默认值为5。如图5-13所示。

图5-13　不同焦距下的景深效果

3）F制光圈

“摄影机光圈”的设置范围可影响“景深”。“F制光圈”越低，景深越浅，更多的前景和背景会超出焦点且模糊。“F制光圈”越高，景深越深，更多的前景和背景会在焦点上。

（3）“输出设置”卷展栏

用于控制摄影机是否在渲染过程中生成图像，以及摄影机渲染哪些类型的图像。展开“输出设置”卷展栏，其中的命令参数如图5-14所示。

1）可渲染

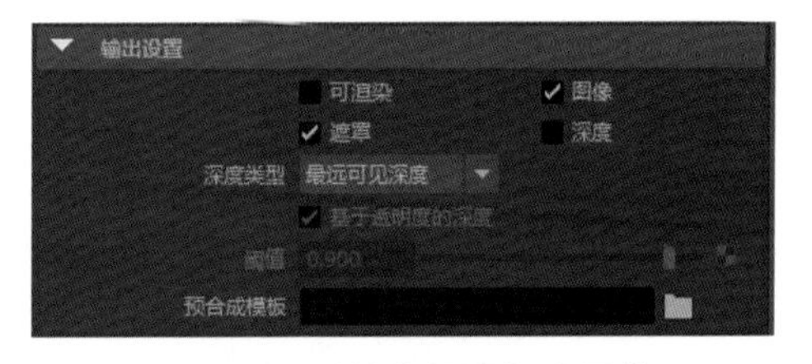

图5-14 “输出设置”卷展栏

启用“可渲染”，摄影机可以在渲染期间创建图像文件、遮罩文件或深度文件，并可被渲染。默认情况下，“可渲染”对于透视摄影机是打开的，而对其他摄影机是关闭的。此选项受“渲染设置”窗口的“文件输出”区域中的“可渲染摄影机”选项影响。

2）图像

启用“可渲染”的情况下启用“图像”，摄影机将在渲染过程中创建图像。默认设置为启用。

3）遮罩

启用“可渲染”的情况下启用“遮罩”，摄影机将在渲染过程中创建遮罩通道。遮罩通道是图像文件中的8位通道（Alpha通道），表示对象的灰度明暗。黑色区域表示此区域没有对象（或是完全透明的对象），而白色的区域表示存在对象。遮罩通道主要用于合成。对于不支持遮罩通道的图像格式，遮罩通道将存储为单独的图像。

4）深度

保证启用“可渲染”的情况下启用“深度”，摄影机将在渲染期间创建深度文件。深度文件是一种数据文件类型，用于表示对象到摄影机的距离。深度文件主要用于合成。启用时，“深度类型”属性将处于启用状态。对于不支持深度通道的图像格式，“深度”文件将存储为单独的图像。

5）深度类型

深度类型可以确定如何计算每个像素的深度，包括最近可见深度、最远可见深度两种类型。

最近可见深度使用离摄影机最近的对象。当透明对象位于其他对象的前面时，启用“基于透明度的深度”将忽略透明对象。

最远可见深度通常在粒子效果被不透明对象阻挡时使用。Maya使用“最远可见深度”创建“深度”文件。

6）基于透明度的深度

启用“阈值”，根据透明度确定哪些对象离摄影机最近。“基于透明度的深度”仅在选择“最近可见深度”时启用。

7）阈值

当合成多个层的透明度（从0到1）时使用。例如，当“阈值”为0.9（默认值）时，其透明曲面会增加到0.9或更大，曲面将因此变得不透明。

（4）“环境”卷展栏

“环境”是按照摄影机中的显示，控制场景背景的外观。不同的摄影机可以使用不同的背景。展开“环境”卷展栏，其中的命令参数如图5-15所示。

图5-15 “环境”卷展栏

1）背景色

场景背景的颜色，默认颜色为黑色。

2）图像平面

创建图像平面，并将其附着到摄影机。单击“创建”按钮自动更改“属性编辑器”的焦点，使其包含图像平面的属性。点击后会弹出新卷展栏，点击“图像名称”后的文件夹图标即可导入所需图像（图5-16）。

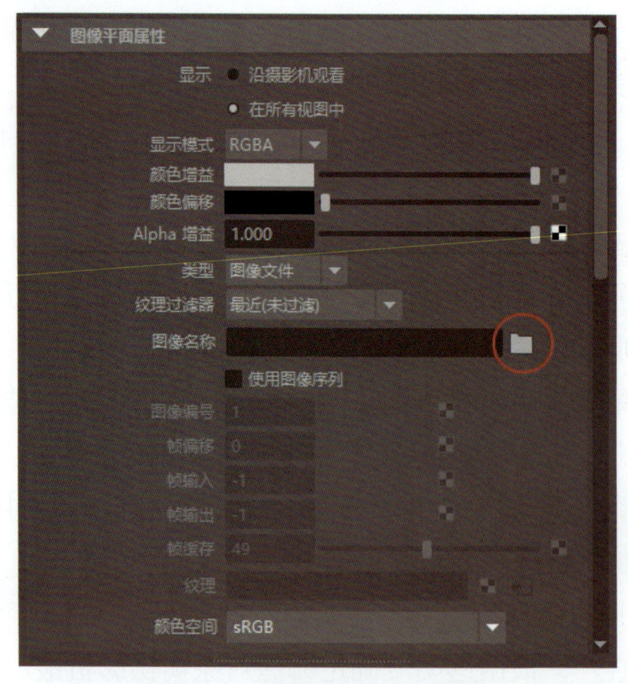

图5-16 “图像平面属性”卷展栏

5.3　任务实例

任务实例　创建摄影机特写景深镜头

任务描述 运用Maya摄影机制作排列物体景深效果。

任务参考图

任务分析 排列物体的构图方向有纵深表现，是创造景深效果的前提。合理使用测量工具可以使景深调节更加精准、便捷。

关键操作功能 摄影机参数调节，测量工具。

任务操作

步骤1 启动中文版Maya 2022。

步骤2 打开场景，新建一个摄影机（图5-17、图5-18）。

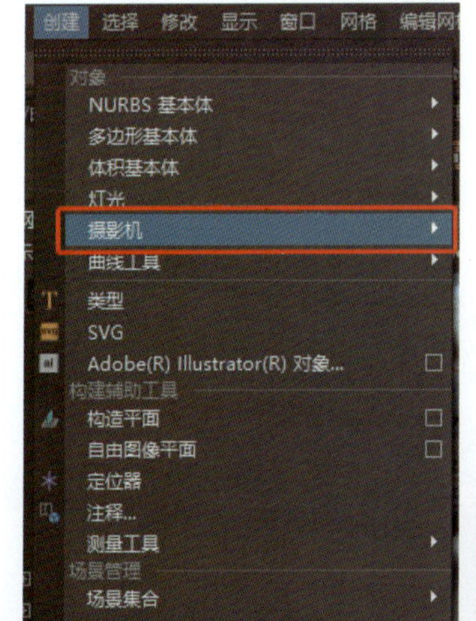

图5-17　新建摄影机

图5-18　选择摄影机类型

步骤3　打开属性面板中的“景深”效果。

步骤4　选中新建的摄影机，打开面板中“沿选定对象观看”，即可调整摄影机视角（图5-19）。

步骤5　点击面板左上角“创建”>“测量工具”>“距离工具”（图5-20、图5-21）。

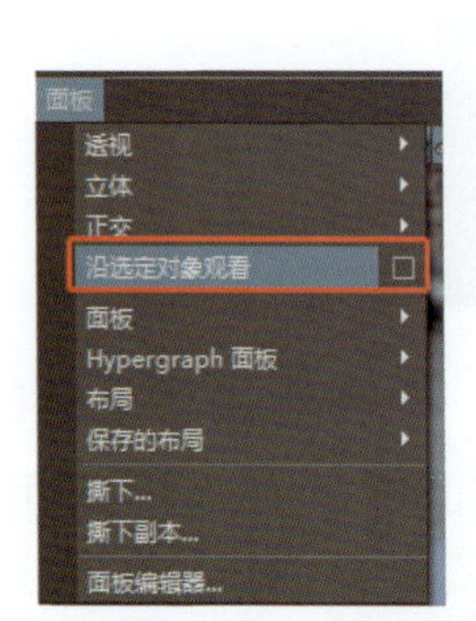

图5-19　选择“沿选定对象观看”

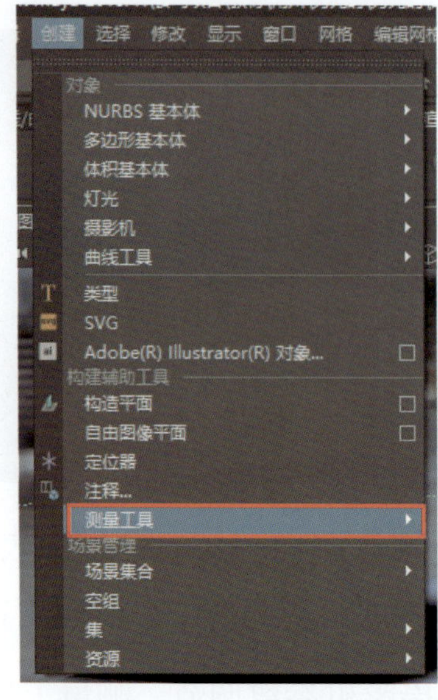

图5-20　选择“测量工具”

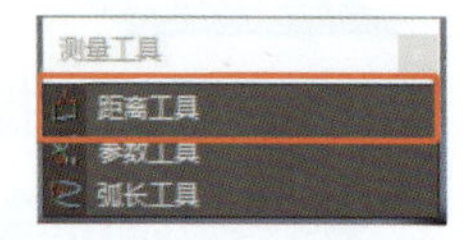

图5-21　选择“距离工具”

步骤6　将视图调整为“顶部视图”，使用Maya中的“测量工具”，测量摄影机与物体间的距离（图5-22）。

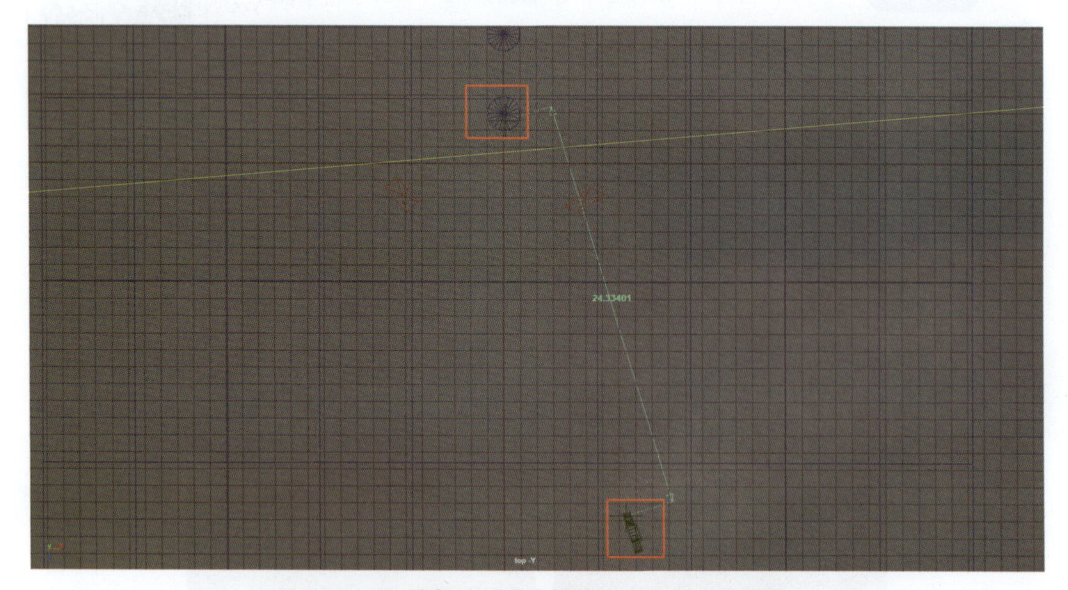

图5-22　用“测量工具”测摄影机与物体间的距离

步骤7 测得距离后，便可调整摄影机的景深参数，参数调整如图5-23所示。注意：聚焦距离为测量距离，F制光圈可自行调节合适的参数。

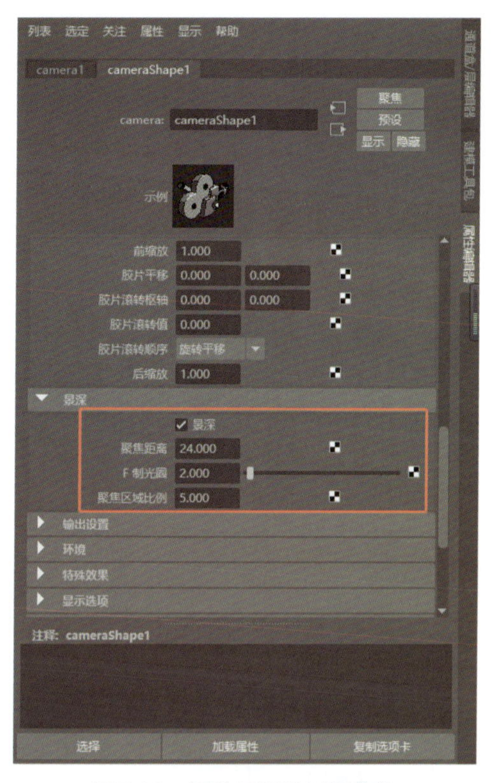

图5-23　调节摄影机景深参数

步骤8 打开Maya中的渲染器，查看摄影机景深效果（图5-24、图5-25）。

图5-24　打开渲染器

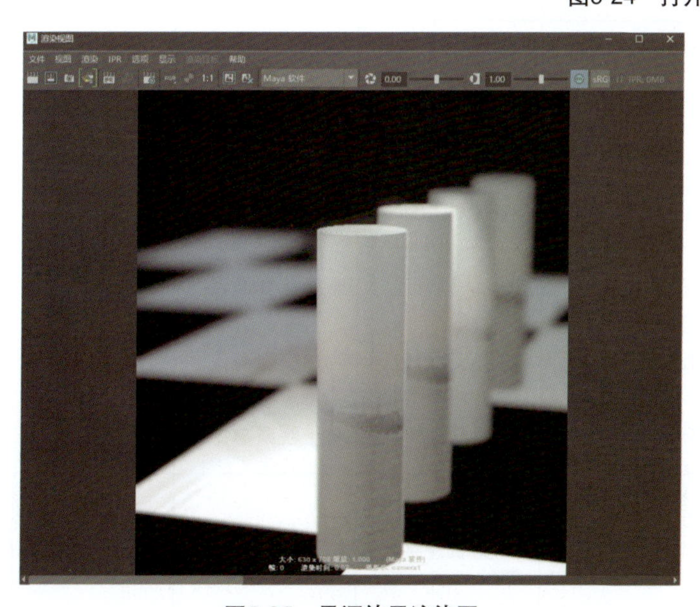

图5-25　景深效果渲染图

学习考评单

<table>
<tr><td colspan="3">工作任务：创建摄影机特写景深镜头</td><td colspan="3">制作时间：　分钟</td></tr>
<tr><td>任务操作
步骤概述</td><td colspan="5"></td></tr>
<tr><td>反馈项目</td><td>自评</td><td>互评</td><td>师评</td><td colspan="2">努力方向、改进措施</td></tr>
<tr><td>操作过程
（单选）</td><td>熟练□
不熟练□
不准确□</td><td>熟练□
不熟练□
不准确□</td><td>熟练□
不熟练□
不准确□</td><td colspan="2"></td></tr>
<tr><td>制作效果
（单选）</td><td>美观□
相似□
差异大□</td><td>美观□
相似□
差异大□</td><td>美观□
相似□
差异大□</td><td colspan="2"></td></tr>
<tr><td>职业素养
（可多选）</td><td>态度认真严谨□
沟通交流有效□
善于观察总结□</td><td>态度认真严谨□
沟通交流有效□
善于观察总结□</td><td>态度认真严谨□
沟通交流有效□
善于观察总结□</td><td colspan="2"></td></tr>
<tr><td>学生签字</td><td></td><td>组长签字</td><td></td><td>教师签字</td><td></td></tr>
</table>

知识巩固

一、选择题

1. Maya 2022中的摄影机是一种真实的摄影机，它可以调节焦距，改变曝光时间，调整光圈等。该描述是（　）

   A. 正确的　　　　B. 错误的

2. Maya 2022的摄影机功能包括以下哪些选项（　）

   A. 支持自定义摄影机设置

   B. 支持模拟和实时摄影机渲染，优化的摄影机控制台

   C. 支持多视图渲染，支持各种类型的摄影机参数

   D. 支持灯光模拟和特效模拟

3. 关于Maya 2022“摄影机和目标”（Camera and Aim）目标点功能描述正确的是（　）

   A. 决定了摄影机方向和拍摄内容

   B. 决定了摄影机高度

   C. 决定了画幅大小

4. 在渲染中关于“景深”特效的功能描述正确的是（　）

   A. 可以虚化背景　B. 可以突出主体　C. 可以弱化主体　D. 可以增强画质

5. 可以通过Maya 2022的哪一款摄影机，实现3D影片的拍摄制作（　）

   A. 基本摄影机　B. 立体摄影机　C. 目标摄影机

二、填空题

1. “摄影机光圈”的设置范围可影响“景深”。“F制光圈”________________，景深越浅，更多的前景和背景会超出焦点且模糊。

2. “摄影机、目标和上方向”（Camera, Aim, and Up）可以________________。此摄影机适用于复杂的动画，如随着转动的过山车移动。

3. ____________“焦距”可拉近摄影机镜头，并放大对象在摄影机视图中的大小。____________“焦距”可拉远摄影机镜头，并缩小对象在摄影机视图中的大小。

模块5
知识巩固答案

模块6 材质与渲染

一部完整的三维作品能否正确、直观、清晰地展现其魅力，材质、渲染是必要的工作环节。Maya 2022中的材质是对视觉效果的模拟，而视觉效果包括颜色、反射、折射、质感和表面的粗糙程度等诸多因素，这些视觉因素的变化和组合呈现出各种不同的视觉特征。

Maya 2022的渲染功能强大，可以帮助用户创建精美、逼真的图像和动画，支持多种类型的渲染引擎、多个图像格式，支持在一次渲染中处理多个材质和贴图，支持多GPU渲染、分层渲染，并可以自动调整抗锯齿和混合模式。此外，结合大量的灯光和材质工具，可帮助用户创建复杂的渲染场景。

学习目标

- 了解Maya材质和渲染概念
- 掌握常用材质的属性及编辑方法
- 掌握Maya 2022渲染器公用选项卡、Arnold渲染器的参数设置
- 具有一定的美学艺术修养
- 养成良好的工作态度、精益求精的工匠精神
- 具有良好的信息素材收集和处理能力

6.1 Hypershade功能介绍

使用Maya 2022的材质功能可以制作出真实的材质效果，使作品更加逼真。Maya 2022的材质功能主要有渲染材质、着色器、特效、纹理图像等，能够模拟各种材料、表面细节与质感，使作品更加真实。另外，Maya还提供了一些内置的材质，如金属、玻璃、木头、石头等，可以使用这些预设的材质，自定义编辑材质参数，以快速制作出真实的材质效果（图6-1）。

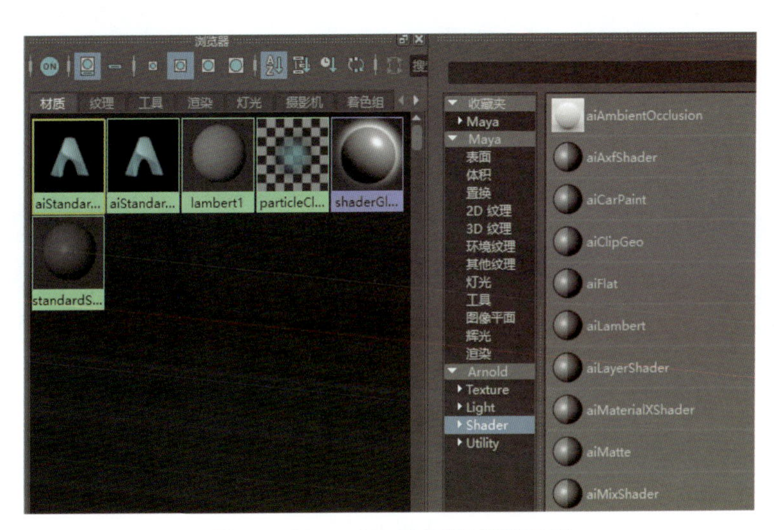

图6-1　Maya 2022材质编辑器局部

Hypershade是Maya 2022的图形化材质编辑器，可以方便快捷地创建、编辑和组织节点网络，从而创建出有用的材质、灯光和渲染效果。Hypershade还包括可视化工具，帮助用户创建复杂的节点网络，并且可以定制节点的外观。

（1）Hypershade面板介绍

Hypershade面板在默认状态下，由“浏览器”“材质查看器”“创建”“存储箱”“工作区”“特性编辑器”这6个选项卡组成（图6-2）。

1）浏览器

浏览器列出材质、纹理和灯光，按选项卡排序。

2）材质查看器

材质查看器提供了多种形体用来直观地显示材质预览，方便调试。

3）“创建”选项卡

“创建”选项卡主要用来查找Maya材质节点，点击后可以进行材质

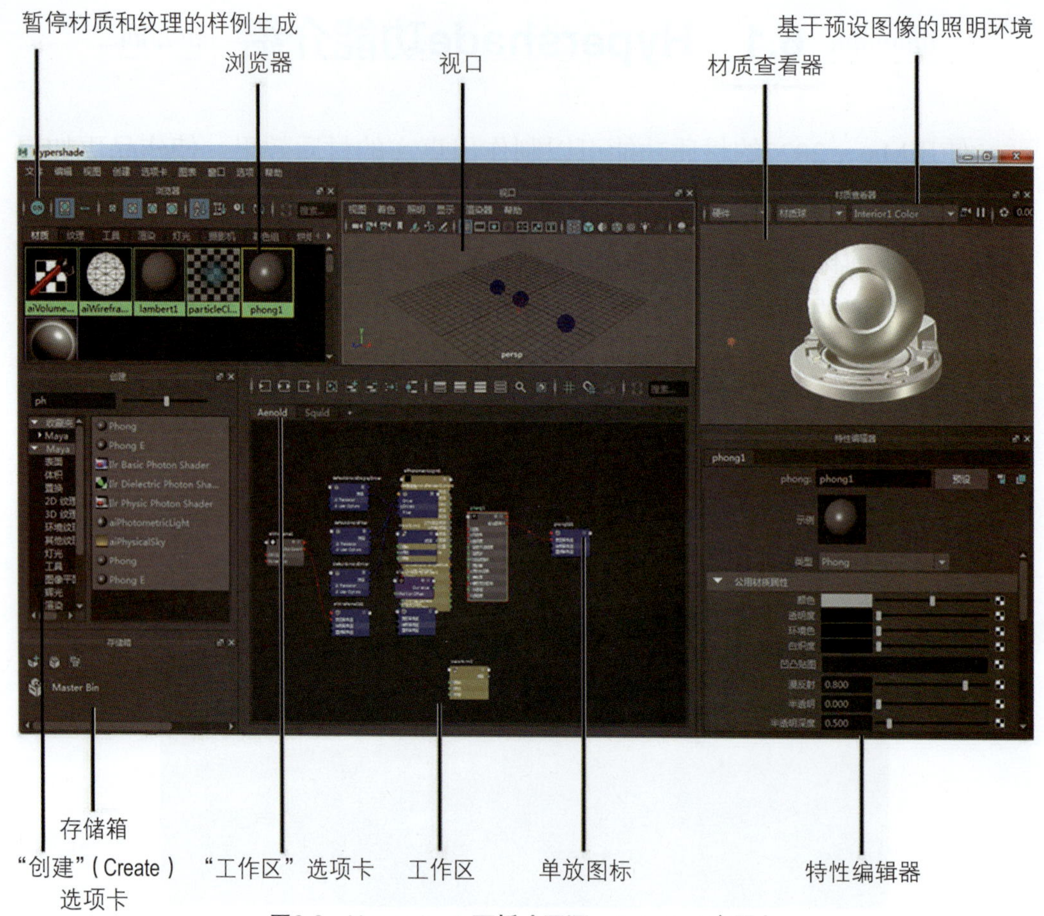

图6-2　Hypershade面板（图源：Autodesk官网）

创建。

4）特性编辑器

特性编辑器可用于修改材质属性，如颜色、透明度、环境色、反射、透明度等信息。

5）存储箱

存储箱是着色节点（材质、纹理等）的容器，可以帮助组织和跟踪场景中的着色节点。

6）工作区

工作区主要用来显示以及编辑Maya的材质节点。单击材质节点上的命令，可以在“特性编辑器”选项卡中显示出所对应的一系列参数。在工作区中，可以创建多个选项卡，每个选项卡都显示有自身的节点集。这样，就可以同时使用多个着色器图表并对它们进行编辑，且无需重新绘制。

（2）“工作区”工具栏功能详解

“工作区”工具栏见图6-3。

图6-3　Hypershade“工作区”工具栏

输入连接：仅显示选定节点的输入连接。

输入和输出连接：显示选定节点的输入和输出连接。

输出连接：仅显示选定节点的输出连接。

清除图表：清除当前Hypershade布局。

将选定节点添加到图表中：此选项不会绘制选定节点的输入或输出连接，它仅将选定节点添加到现有图表中。

从图表中移除选定节点：通过移除选定节点可自定义图表布局。若要从图表中移除某节点，需选择该节点并单击此图标。

重新排列图表：重新排列当前布局中的节点以显示所有节点和网络。

为选定对象的材质制图：可以显示节点布局，选定对象的着色网络。

简单模式：将选定节点的视图模式更改为简单模式，以便仅显示输入和输出主端口。

已连接模式：将选定节点的视图模式更改为已连接模式，以便显示输入和输出主端口，以及任何已连接属性。

完全模式：将选定节点的视图模式更改为完全模式，以便显示输入和输出主端口，以及主节点属性。

自定义属性视图：默认情况下，此视图显示在Hypershade中创建的所有节点。在这种视图模式下所显示的属性列表，仅包括最常用的属性，从而可以使用户轻松查找和调整着色节点属性。

切换过滤器字段：通过启用和禁用此图标的显示，可以在显示和隐藏属性过滤器字段之间切换。

切换样例大小：通过启用和禁用此图标的显示，可以在较大或较小节点样例之间切换。

栅格显示：打开和关闭栅格背景。

栅格捕捉：打开和关闭栅格捕捉。启用该选项可将节点捕捉到栅格。

还原上次关闭的选项卡：删除选项卡后，此图标将变为活动状态。单击它可还原上次删除的选项卡。

单击以清除已应用过滤器，并使选项卡返回默认内容。

未应用过滤器的情况下图标是灰色的。

（3）“浏览器”工具栏功能详解

“浏览器”工具栏见图6-4。

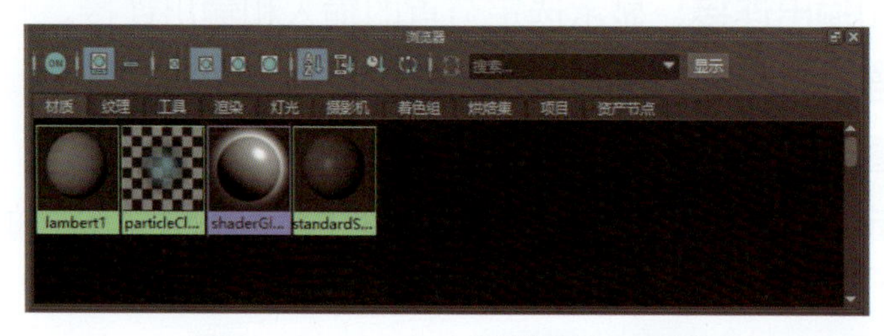

图6-4　Hypershade“浏览器”工具栏

暂停材质和纹理的样例生成：若要启用和禁用所有节点的样例生成，需单击Hypershade选项卡工具栏中的“ON”和“OFF”按钮。

作为图标查看：将样例显示为带有文字的图标。

作为列表查看：将样例仅显示为文字。在具有许多着色元素（例如材质、纹理以及灯光）的大型场景中，该选项能提高Hypershade的性能。

从左到右分别是“作为小样例”“作为中等样例”“作为大样例”“作为超大样例”，可通过选择合适的尺寸样例去自定义Hypershade。

按名称排序：按字母排序样例。

按时间排序：按创建日期和时间排序样例。

按反转顺序排序：使用此选项可反转排序的名称、类型或时间。

单击以清除已应用过滤器，并使选项卡返回默认内容。

未应用过滤器的情况下图标是灰色的。

文本框： 文本框允许键入字符串，以按名称指定要显示的节点。仅有名称匹配字符的节点显示在选项卡上。

显示： 点击后将显示一个菜单，可以从中选择要显示节点的类型（图6-5）。

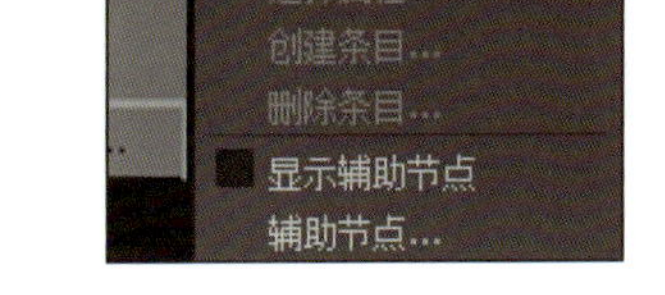

图6-5　“显示”菜单界面

对象： 选择要显示的对象类型。选择“清除以下项”（Clear Below）禁用所有过滤器。

反转所显示内容： 可以反转过滤器，可以显示或隐藏对象。

显示全部： 显示所有节点的类型。

显示选定类型： 仅显示与当前选择相同类型的对象类型。

创建条目： 可以使用一个名称保存当前过滤器。

删除条目： 可以删除已保存过滤器。

显示辅助节点： 显示通常不会显示的节点类型，因为很少需要它们（例如，对拓节点）。

辅助节点： 可以设定某个节点被视为“辅助”。

（4）“创建”工具栏功能详解

如图6-6所示，Hypershade“创建”工具栏提供材质、纹理、灯光等素材。

节点分为三大类，“收藏夹”、“Maya”以及“Arnold”。“收藏夹”可以创建“收藏夹”列表，让使用者轻松访问最常用的节点。如果需要将着色器添加到“收藏夹”列表，使用鼠标中键将着色器拖动到“收藏夹”，或者在着色器上单击鼠标右键，然后选择“添加到收藏夹”。Hypershade将收藏按类别进行排序，以便使用户轻松地找到着色器。

图6-6　Hypershade“创建”工具栏

（5）“材质查看器”介绍

如图6-7所示，“材质查看器”位于Hypershade界面的右上方，可以通过它来预览查看材质节点的颜色、质感以及贴图等信息概况，还可以选择“材质球”“布料”“茶壶”“海洋”等不同的查看模式来预览材质效果。

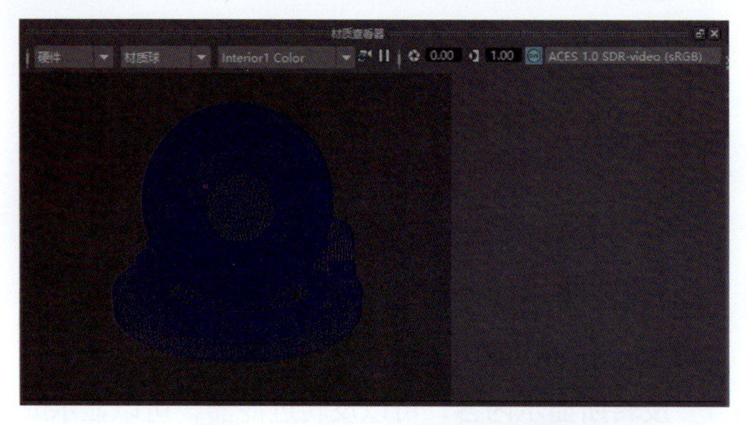

图6-7 Hypershade“材质查看器”

“材质查看器”渲染模式包含两种：硬件与Arnold。使用Arnold渲染效果会更好，但相应的时间就会增加。通常会使用硬件进行预览（图6-8）。“材质查看器”预览模型有很多类型，可根据个人使用习惯进行设置（图6-9）。

图6-8 渲染模式选择界面

在“材质查看器”中可以对摄影机进行移动和旋转，也可以将摄影机重置到原始位置。

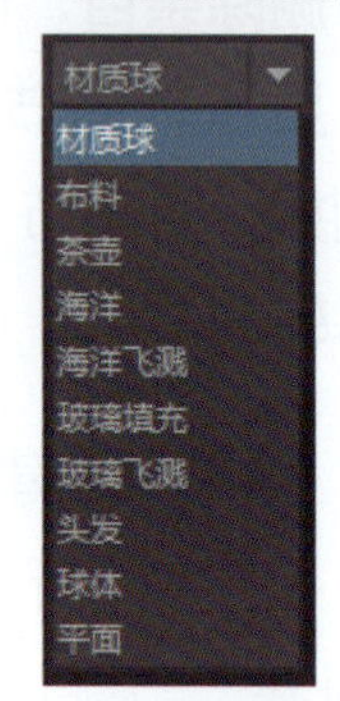

图6-9 预览模型选择界面

6.2 标准曲面材质

标准曲面材质（aiStandardSurface）是Arnold材质中一种基于物理的着色器（图6-10）。它包括漫反射层、适用于金属的具有复杂菲涅尔的镜面反射层、适用于玻璃的镜面反射透射、适用于蒙皮的次表面散射、适用于水和冰的薄散射、次镜面反射涂层和灯光发射。可以说，标准曲面材质几乎可以用来制作日常生活中所能见到的大部分材质。标准曲面材质调节项丰富，本书选择常

图6-10 “标准曲面材质”具体位置

用卷展栏做介绍。

（1）“基础”卷展栏

“基础”卷展栏影响材质表面基本属性，可以对“颜色”“漫反射粗糙度”“金属度”等做基本调节。“基础”卷展栏面板如图6-11所示。

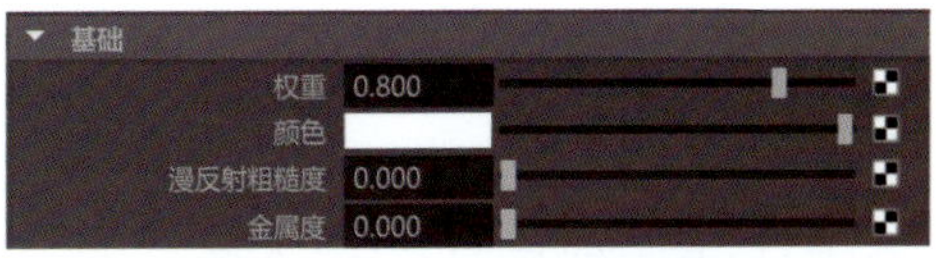

图6-11　“基础”卷展栏

（2）“镜面反射”卷展栏

“镜面反射”卷展栏主要针对存在一定反射、折射能力的物体调节。其中的“IOR”意为折射率，每一个物体有自己的折射率，可以通过调节折射率更好地辅助达成需要的效果。“镜面反射”卷展栏面板如图6-12所示。

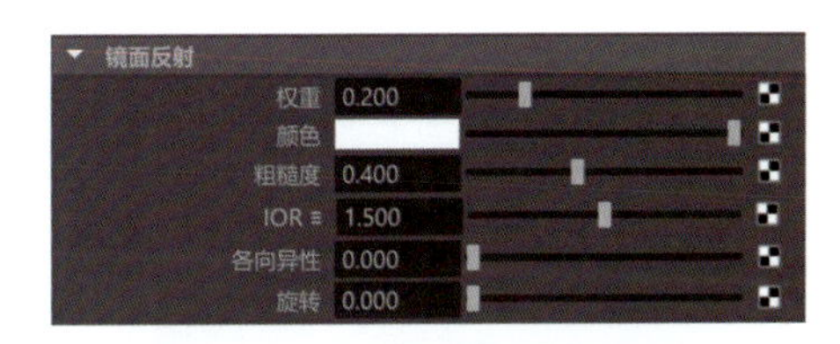

图6-12　“镜面反射”卷展栏

（3）“透射”卷展栏

透射即透明度。“透射”卷展栏主要针对玻璃制品等透明材质物体调节，如有色玻璃、毛玻璃等。“透射”卷展栏面板如图6-13所示。

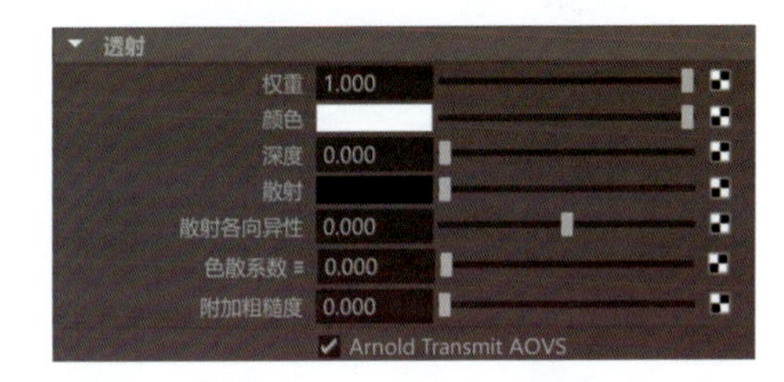

图6-13　“透射”卷展栏

（4）“次表面”卷展栏

“次表面散射”即“Subsurface Scattering”，是模拟光进入物体并在其表面散射的效果。并非所有光线都从表面反射，其中一些会穿透照明物体的表面。在那里，它们将会被材料吸收并在内部散射。这些散射光中的一些将从表面返回并变得对摄影机可见。“次表面散射”对于大理石、皮肤、树叶、蜡以及牛奶等材料的真实渲染是必要的。“次表面”卷展栏面板如图6-14所示。

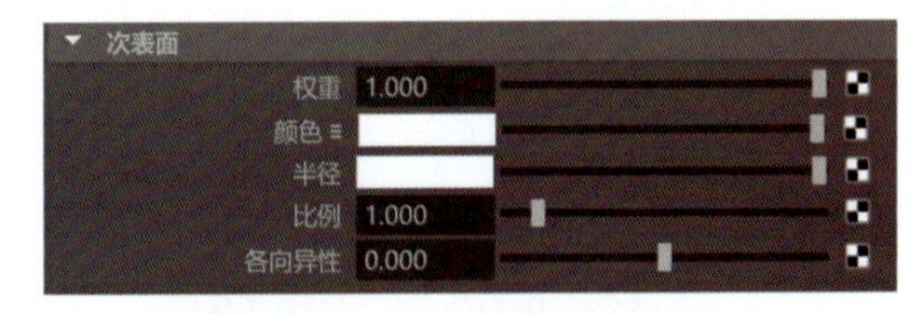

图6-14　“次表面”卷展栏

6.3 Maya渲染功能概述

（1）渲染原理介绍

Maya2022渲染原理是将场景中的每个物体和材质设置转换成特定的数学表达式，然后计算每个物体的投影到渲染视口上的像素点（图6-15）。另外，它还会利用光照模型和材质着色技术，来给物体添加真实的颜色和纹理，使渲染出来的图像具有真实的光照和色彩效果。

图6-15 Maya渲染效果图（图源：Autodesk官网）

渲染的关键是在所需的可视复杂程度与确定在给定的时间段内可以渲染多少帧的渲染速度之间找到平衡。渲染涉及许多复杂的计算，可能会使计算机在较长时间内处于忙碌状态。渲染过程从 Maya内每个子系统中提取数据并组合在一起，然后分析模型细分、纹理贴图、着色、剪裁和照明相关的数据。生成渲染图像始终都需要考虑是选择影响图像质量（抗锯齿和采样），影响图像的渲染速度，还是两者都受影响。

最高质量的图像通常需要花费的渲染时间也最长。高效方法的关键是能在尽可能少的时间内生成质量足够好的图像，以便满足最终的生产期限。换句话说，如果只选择最便捷的选项值，则只能生成特定项目可以接受的图像质量。

（2）选择渲染器

单击“渲染设置”按钮，或单击Maya状态行上的图标（图6-16），即可打开Maya 2022的“渲染设置”面板，在“渲染设置”面板栏上可以查看渲染层和当前使用的渲染器（图6-17）。

图6-16 “渲染设置”面板

图6-17 “渲染设置”面板

1）渲染层

可以在“渲染层”中按需选择渲染层，如果没有创建新的渲染层，该功能选项单一（图6-18）。

图6-18 “渲染层”选择界面

2）使用以下渲染器渲染

可以在“使用以下渲染器渲染”选项中选择要使用的渲染器。在默认状态下，Maya 2022所使用的渲染器为Arnold Renderer（图6-19）。

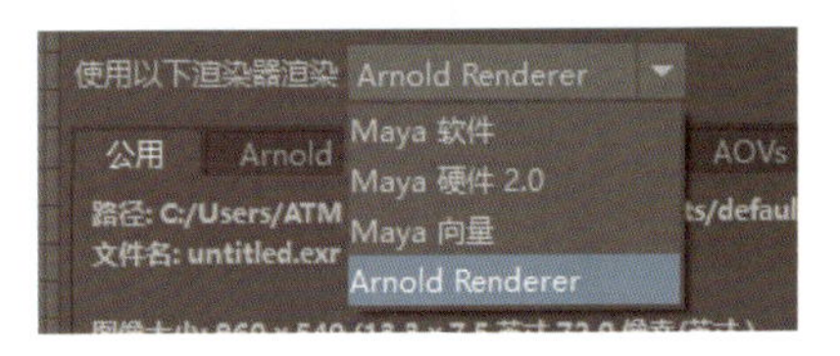

图6-19 渲染器选择界面

（3）“公用”选项卡

“公用”选项卡包含所有渲染器公用的设置（图6-20）。

1）“文件输出”卷展栏

“文件输出”卷展栏内的参数命令如图6-21所示。

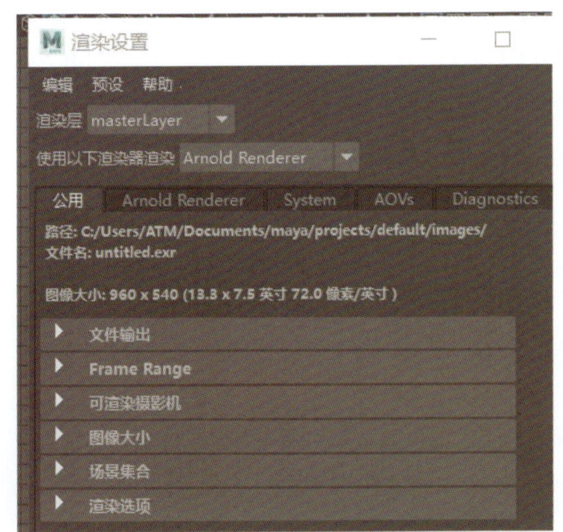

图6-20 “公用”选项卡

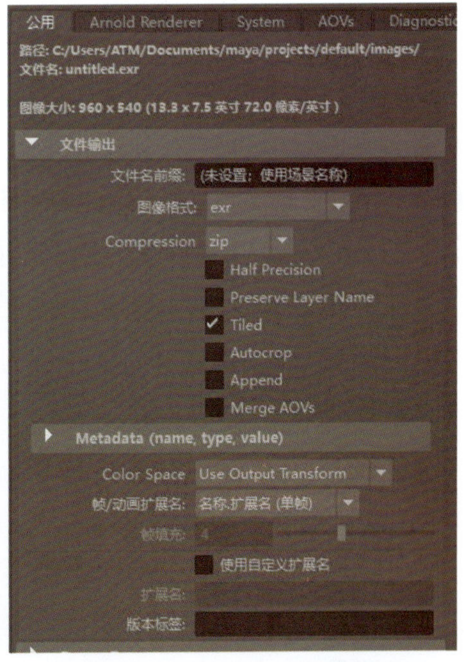

图6-21 “文件输出”卷展栏

文件名前缀：在“文件名前缀”属性上单击鼠标右键，可以将这些字段中的一个或多个添加到场景的文件名中，例如，场景名、层名称、摄影机名称、版本号、当前日期或当前时间。

图像格式：用于保存渲染图像文件的格式。默认设置为PNG。按需选择。

Compression（压缩）：单击该按钮可以为 AVI（Windows）或 QuickTime 影片（Mac OS X）文件选择压缩方法。单击该按钮后，将出现“视频压缩”（Video Compression）的对话框，从其中的“压缩程序”下拉列表中选择所需的压缩方法。当前，Maya只支持不压缩和Cinepack编解码器压缩方法。

Metadata：元数据。

Color Space：颜色空间，用于渲染计算机图形的线性颜色空间，这通常指的是场景线性颜色空间而非输出线性颜色空间。

帧/动画扩展名：帧编号扩展名的位数。例如，如果“帧/动画扩展名”设定为“名称.扩展名”（name.ext），并且“帧填充”为3，则Maya将渲染图像文件命名为“name.001”“name.002”，依此类推。默认值为1。

使用自定义扩展名：通过启用“使用自定义扩展名”，然后在“扩展名”文本字段中输入扩展名，可以对渲染图像文件名使用自定义文件格式扩展名。该扩展名基于文件格式替换标准扩展名，例如 .PNG、.GIF等。

版本标签：可以将版本标签添加到所要渲染输出的文件名中。使用该属性可以自定义图像文件输出区域中的“文件名前缀”字段中的<Version>标记。可以选择下列选项之一：版本号（例如，1、2或3）、当前日期或当前时间。在该属性上单击鼠标右键可以添加所需的版本标签。每次插入数字版本号时，将自动更新提供的前两个选项（使用编号：n）。例如，如果已添加版本号3，则前一个选项将自动更新为“使用编号：2”，后一个选项将更新为“使用编号：4”。也可以创建自己的自定义版本标签。

2）“帧范围”卷展栏

“帧范围”卷展栏内的参数命令如图6-22所示。

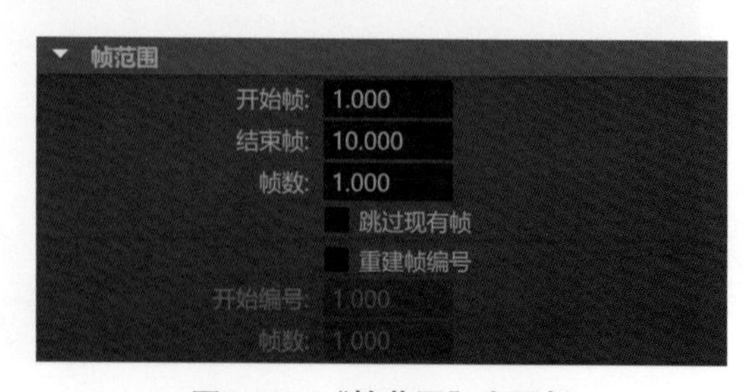

图6-22 “帧范围”卷展栏

开始帧、结束帧：指定要渲染的第一个帧（开始帧）和最后一个帧（结束帧）。“开始帧”的默认值为1；“结束帧”的默认值为10。

帧数： 要渲染的帧之间的增量。仅当“帧/动画扩展名”设定为包含 # 的选项时，“帧数”才可用。默认值为 1。

跳过现有帧： 启用此选项后，渲染器将检测并跳过已渲染的帧。此功能可以节省渲染时间。

重建帧编号： 可以更改动画的渲染图像文件的编号。“重建帧编号”属性只在“帧/动画扩展名”设定为具有 # 的选项（如 name.#.ext）时可用。

开始编号： 第一个渲染图像文件名具有的帧编号扩展名。

帧数： 渲染图像文件名具有的帧编号扩展名之间的增量。

3）“可渲染摄影机”卷展栏

“可渲染摄影机”卷展栏内的参数命令如图6-23所示。

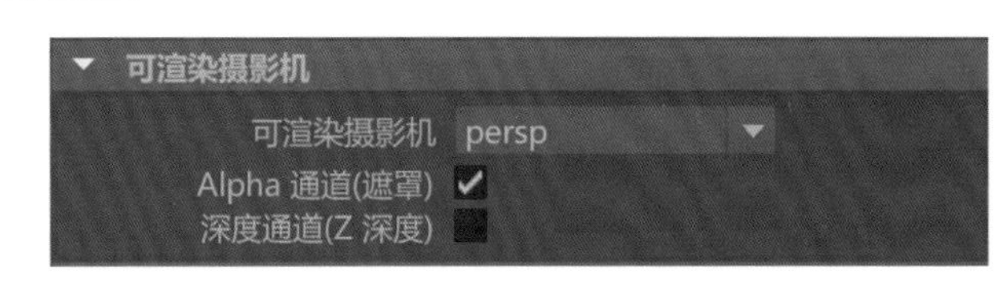

图6-23 “可渲染摄影机”卷展栏

可渲染摄影机： 从一个或多个摄影机渲染场景。默认值为从一个摄影机渲染。如果要（仅）从一个摄影机渲染场景，需从下拉列表中选择摄影机。默认情况下，perspShape 摄影机是可渲染摄影机。如图6-24所示，下拉列表划分为多个区域。

persp
stereoCamera（立体对）
stereoCamera
stereoCameraLeft
stereoCameraRight
front
side
top
添加可渲染摄影机
当前透视摄影机设定为可渲染
可选择为可渲染的现有摄影机列表
选择此选项可将另一现有摄影机添加到可渲染摄影机列表

图6-24 可渲染摄影机区域选项（图源：Autodesk官网）

Alpha通道（遮罩）： 控制渲染图像是否包含遮罩通道。默认设置为启用。

深度通道（Z深度）： 控制渲染图像是否包含深度通道。默认设置为禁用。

4）“图像大小”卷展栏

“图像大小”卷展栏内的参数命令如图6-25所示。

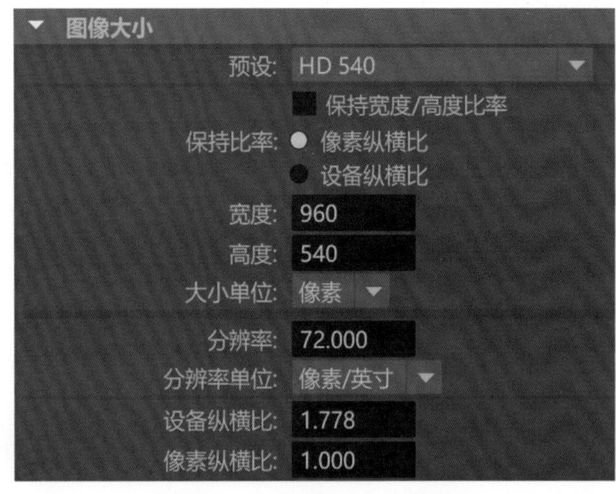

图6-25 “图像大小”卷展栏

“图像大小”属性控制渲染图像的分辨率和像素纵横比等。

预设：选择胶片或视频行业标准分辨率。从“预设”下拉列表中选择某个选项后，Maya 会自动设定“宽度”、“高度”、“设备纵横比”和“像素纵横比”。

保持宽度/高度比率：若要在宽度和高度方面成比例地缩放图像大小，可以启用该设置。在为“宽度”或“高度”输入一个值时，会自动计算另一个值。

保持比率：指定要使用的渲染分辨率的类型——“像素纵横比”或“设备纵横比”。

宽度：使用“大小单位”设置中指定的单位指定图像的宽度。

高度：使用“大小单位”设置中指定的单位指定图像的高度。

大小单位：设定指定图像大小时要采用的单位。从像素、英寸、cm（厘米）、mm（毫米）、点和派卡中选择。

分辨率：使用“分辨率单位”设置中指定的单位指定图像的分辨率。TIFF、IFF和JPEG格式可以存储该信息，以便在第三方应用程序中打开图像时保持它。

分辨率单位：设定指定图像分辨率时要采用的单位。从像素/英寸或像素/cm（厘米）中选择。

设备纵横比：在其上查看渲染图像显示设备的纵横比。

像素纵横比：在其上查看渲染图像显示设备的各个像素的纵横比。

（4）“渲染视图”窗口

如图6-26所示，在Maya软件界面上单击“渲染视图”按钮，可以打开Maya的“渲染视图”窗口。

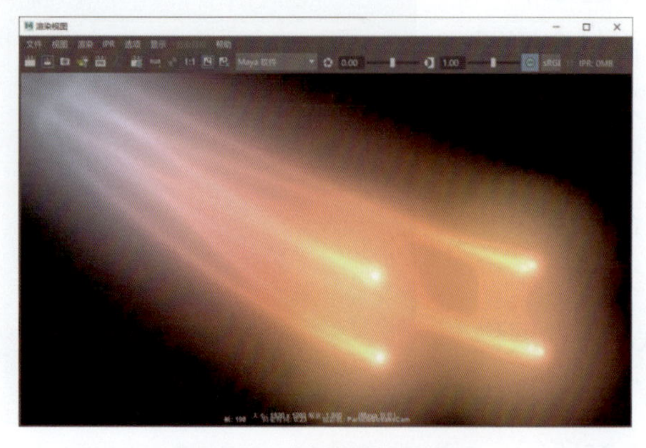

图6-26 “渲染视图”窗口

6.4 Arnold渲染器

Arnold是Maya自带的一款高性能渲染器（图6-27），支持许多有趣的功能，如照明、阴影、反射、折射和GI。它可以模拟真实的光照，并且可以创建高质量的渲染结果。

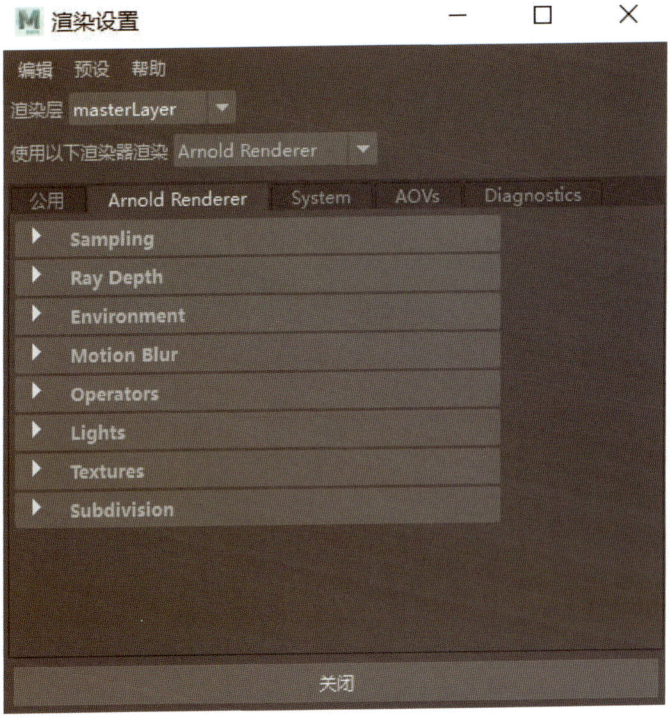

图6-27 Arnold渲染设置界面

（1）“采样（Sampling）”卷展栏

当Arnold渲染器进行渲染计算时，会先收集场景中模型、材质及灯光等信息，并跟踪大量、随机的光线传输路径，这一过程就是“采样”。“采样”的设置主要用来控制渲染图像的采样质量。增加采样值会有效减少渲染图像中的噪点，但是也会显著增加渲染所消耗的时间。“采样”卷展栏中的参数命令如图6-28所示。

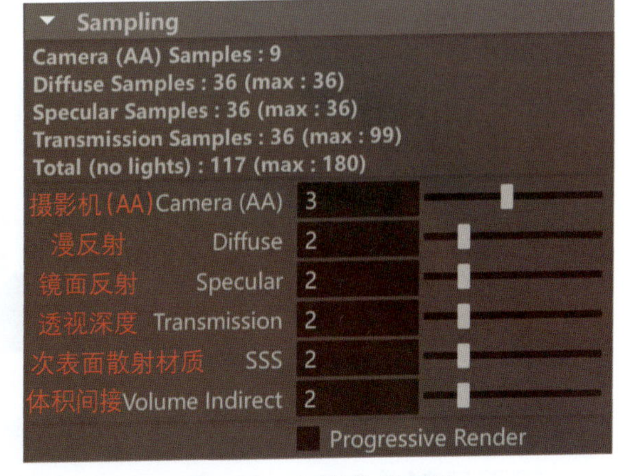

图6-28 “采样”卷展栏

（2）“光线深度（Ray Depth）”卷展栏

“光线深度”可以配置相应的设置，用来基于光线类型限制光线递归。较高的值会增加渲染时间。其卷展栏的参数命令如图6-29所示。

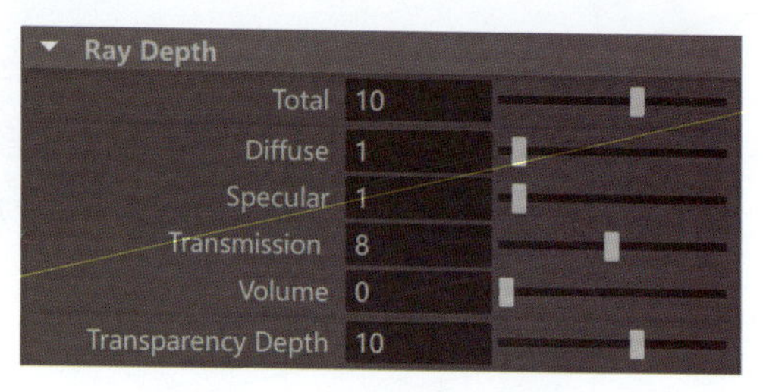

图6-29 “光线深度”卷展栏

合计（Total）： 指定场景中任何光线的最大总递归深度（漫反射+透射+镜面反射≤总计）。

漫反射（Diffuse）： 定义最大光线漫反射深度反弹（图6-30）。如果漫反射为零，则相当于禁用漫反射照明。增加深度会将更多的反弹光添加到场景，这在内部场景中可能尤为明显。此外，随着漫反射反弹的逐渐增加，会出现以下细微的差异：当漫反射设置为1时，立方体顶部没有照射到灯光，而当漫反射设置为2时，则可以看到灯光。

设置为0，没有反弹光

设置为1，灯光围绕场景反弹，但在部分区域仍然很暗

设置为2，更多的漫反射光线进一步照亮了场景。右侧立方体的顶部现在能够接收间接灯光

图6-30 漫反射原理示意图

图6-31显示了漫反射光线深度可以在内部场景中表现出的显著差异。对比光线深度1和0，请注意使用光线深度2进行渲染时，门后面地板上的反弹光效果。

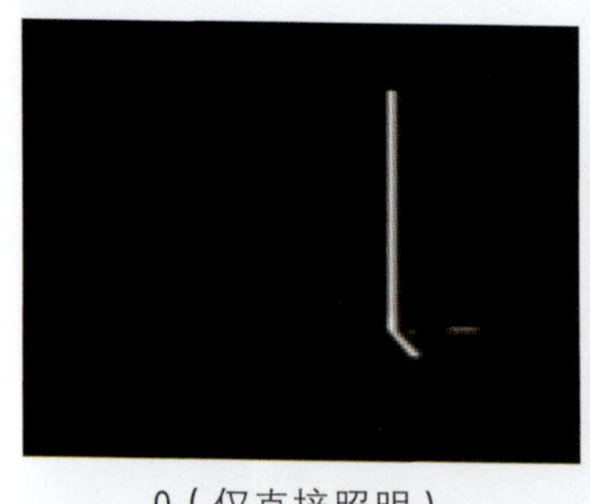

0（仅直接照明）

1（默认值）

2

图6-31 光线深度原理示意图

镜面反射（Specular）： 定义光线可以镜面反射的最大次数。如图

6-32所示，镜面反射包含多个镜面反射曲面的场景，可能需要更高的值才更满足反射条件。要获取任何镜面反射，需要的最小值为1。

图6-32　镜面反射原理示意图

透射（Transmission）： 透射是入射光经过折射穿过物体后的出射现象。当光入射到透明或半透明材料表面时，一部分被反射，一部分被吸收，还有一部分可以透射过去。被透射的物体为透明体或半透明体，如玻璃、滤色片等（图6-33、图6-34）。

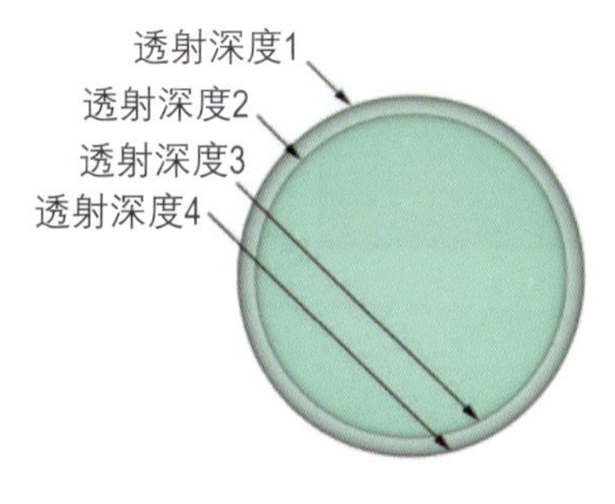

图6-33　透射原理示意图

图6-34　透射效果

体积（Volume）： 此参数设置体积内多次散射的反弹数（默认设置为0）。这在渲染云等的体积时非常有用（图6-35），因为多次散射对其外观有很大的影响。

图6-35　体积原理效果图

透明深度（Transparency Depth）： 即允许的透明照射数量。当值为0时，对象将被视为不透明。如图6-36所示的示例包含6个玻璃立方体，它们依次堆叠在一起。如果因Transparency Depth所施加的限制而导致光线数不足，则Arnold会返回黑色。增加此值，会允许更多的光线穿过透明曲面。在这种情况下，将Transparency Depth设置为12足以获得良好的结果。

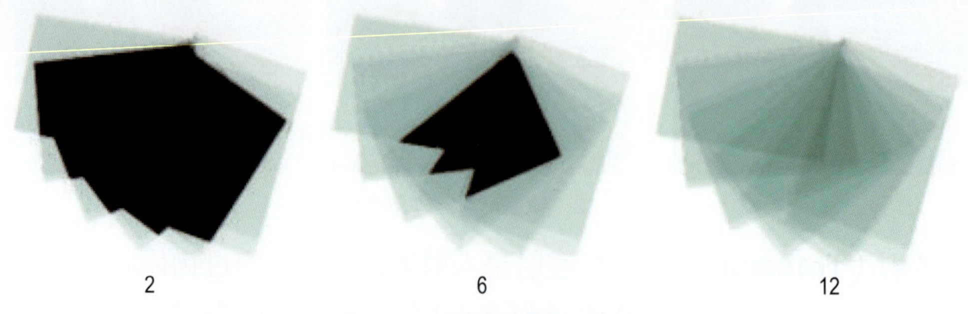

图6-36　透明深度原理示意图

（3）“环境（Environment）”卷展栏

“环境（Environment）”卷展栏中的参数命令如图6-37所示。

图6-37　“环境”卷展栏

这些设置适用于控制大气和背景。

大气（Atmosphere）： Arnold 有两种类型的大气——Fog和Atmosphere_Volume。Fog可以模拟灯光散射的效果，这会导致对象距离越远，其对比度看起来越低，特别是在室外环境中。Atmosphere_Volume用于模拟稀薄而均匀的大气散射的灯光。它会产生光束和从几何对象投射的体积阴影。

背景（Background）： 使用此设置可以创建背景着色器。单击并按住黑白方格按钮可创建一个环境着色器。

6.5　任务实例

任务实例1　创建红色金属体

任务描述　创建红色金属体，要求金属质感强烈，体现酒红色。

任务参考图

任务分析 金属反光强烈，还原红色金属体需要从材质、灯光、环境多角度入手。为使三维环境更加逼真，可以为场景添加HDR贴图。

关键操作功能 材质参数调节。

任务操作：

步骤1 建立材质测试模型，将Arnold天穹灯光映射到.hdr图像，以提供基于图像的环境照明（图6-38）。

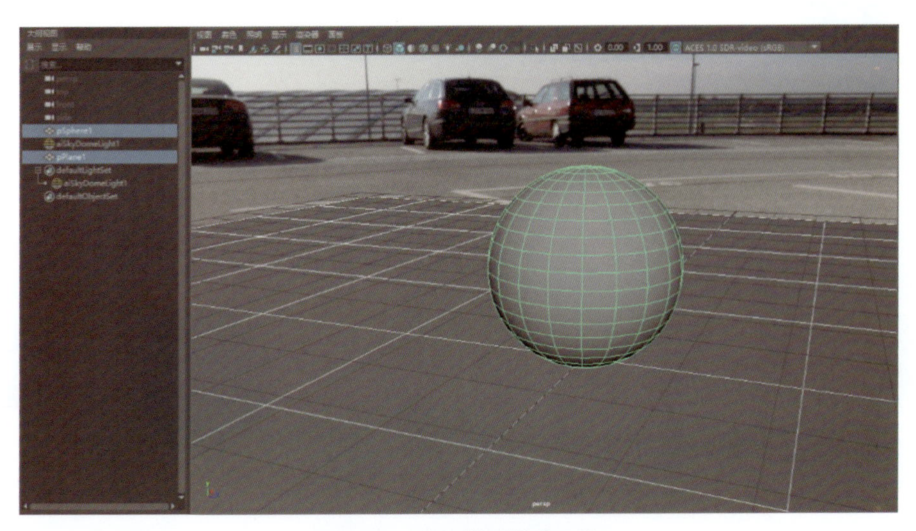

图6-38　建立模型搭建环境

步骤2 选择模型，然后单击鼠标右键并选择“指定收藏材质”>“标准曲面”（“Assign Favorite Material”>“Standard Surface”）。现在，StandardSurface2着色器已指定给材质球模型。在标准曲面的“属性编辑器”（Attribute Editor）中，将“镜面反射”>“粗糙度”（“Specular”>“Roughness”）减小为0以创建铬合金材质。“粗糙度”（Roughness）值越小，反射越清晰。值为0时会产生极为清晰的镜面反射。将“镜面反射”>“权重”（“Specular”>“Weight”）设置为0.8，以捕捉来自直接光源的镜面反射光线。值越大，生成的反射高光越亮。如图6-39、图6-40所示。

图6-39 调整材质属性

步骤3 设置“基础>颜色”（“Base”>“Color”）以对金属进行染色（图6-41）。

图6-40 金属材质表现

图6-41 红色金属材质表现

学习考评单

<table>
<tr><td colspan="4">工作任务：创建红色金属体</td><td colspan="3">制作时间：　分钟</td></tr>
<tr><td>任务操作步骤概述</td><td colspan="6"></td></tr>
<tr><td>反馈项目</td><td>自评</td><td>互评</td><td>师评</td><td colspan="3">努力方向、改进措施</td></tr>
<tr><td>操作过程（单选）</td><td>熟练□
不熟练□
不准确□</td><td>熟练□
不熟练□
不准确□</td><td>熟练□
不熟练□
不准确□</td><td colspan="3"></td></tr>
<tr><td>制作效果（单选）</td><td>美观□
相似□
差异大□</td><td>美观□
相似□
差异大□</td><td>美观□
相似□
差异大□</td><td colspan="3"></td></tr>
<tr><td>职业素养（可多选）</td><td>态度认真严谨□
沟通交流有效□
善于观察总结□</td><td>态度认真严谨□
沟通交流有效□
善于观察总结□</td><td>态度认真严谨□
沟通交流有效□
善于观察总结□</td><td colspan="3"></td></tr>
<tr><td>学生签字</td><td></td><td>组长签字</td><td></td><td>教师签字</td><td colspan="2"></td></tr>
</table>

任务实例2 创建玻璃杯材质

任务描述 创建玻璃杯，要求材质透明无杂质，杯壁折射度真实体现结构弯曲属性。

任务参考图

任务分析 还原真实的玻璃器皿需要从材质、灯光、环境多角度入手。相较空气，玻璃材质存在一定的折射率。从真实度还原角度出发需要添加HDR贴图。

关键操作功能 材质参数调节。

任务操作：

步骤1 新建一个场景，将制作好的玻璃杯模型导入其中（图6-42）。

图6-42 玻璃杯模型

步骤2 点击软件界面右上角“Arnold”>“Light”>“Skydome Light”，创建一个HDR环境灯光。为HDR环境灯光贴上HDR贴图。

步骤3 创建“aiStandardSurface1”材质球。选中玻璃杯模型，将材质指定于该模型（图6-43）。

图6-43　将新建的材质球赋予模型

步骤4　在模型属性栏中选择“Shape1”>“Arnold”，把“Opaque”的“√”去掉。调整材质球参数，如图6-44所示。

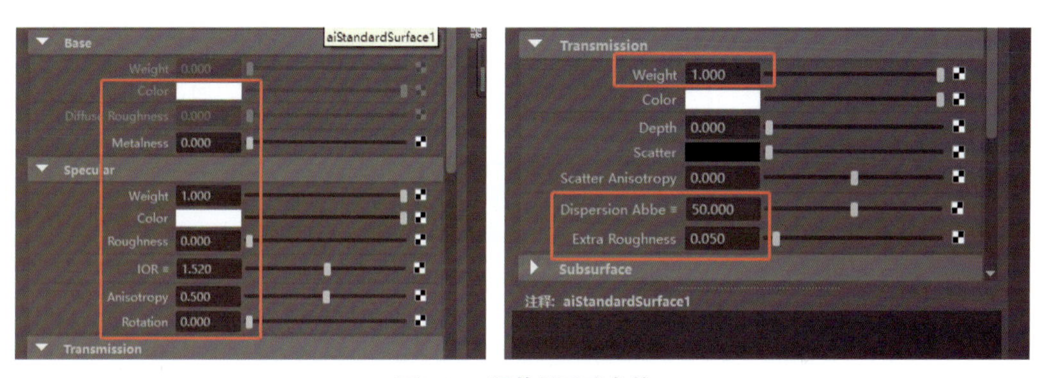

图6-44　调整材质球参数

步骤5　打开渲染器进行渲染，得到如图6-45所示的效果。

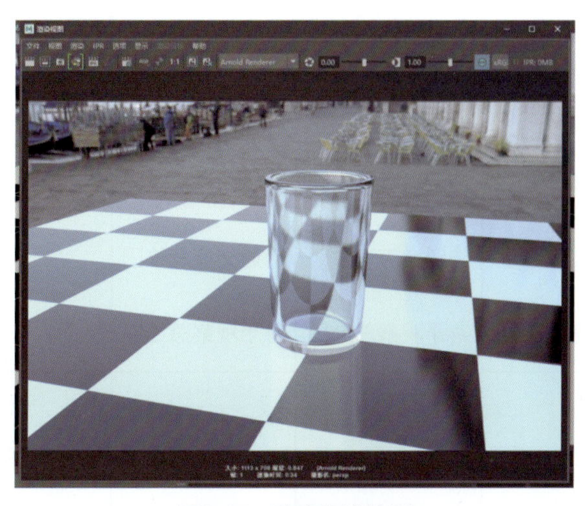

图6-45　玻璃杯渲染图

学习考评单

<table>
<tr><td colspan="3">工作任务：创建玻璃杯材质</td><td colspan="3">制作时间：　分钟</td></tr>
<tr><td>任务操作步骤概述</td><td colspan="5"></td></tr>
<tr><td>反馈项目</td><td>自评</td><td>互评</td><td>师评</td><td colspan="2">努力方向、改进措施</td></tr>
<tr><td>操作过程（单选）</td><td>熟练□
不熟练□
不准确□</td><td>熟练□
不熟练□
不准确□</td><td>熟练□
不熟练□
不准确□</td><td colspan="2"></td></tr>
<tr><td>制作效果（单选）</td><td>美观□
相似□
差异大□</td><td>美观□
相似□
差异大□</td><td>美观□
相似□
差异大□</td><td colspan="2"></td></tr>
<tr><td>职业素养（可多选）</td><td>态度认真严谨□
沟通交流有效□
善于观察总结□</td><td>态度认真严谨□
沟通交流有效□
善于观察总结□</td><td>态度认真严谨□
沟通交流有效□
善于观察总结□</td><td colspan="2"></td></tr>
<tr><td>学生签字</td><td></td><td>组长签字</td><td></td><td>教师签字</td><td></td></tr>
</table>

知识巩固

一、选择题

1. Maya 2022默认渲染器为（　）

   A. Arnold Renderer　　B. Arnold for Maya

   C. IPR　　D. Arnold

2. 而当漫反射设置为（　）时，可以看到灯光。

   A. 0　　B. 1　　C. 2　　D. 3

3. Maya 2022的渲染功能包括以下哪些选项（　）

   A. 支持几乎所有类型的渲染引擎

   B. 支持多个图像格式，支持在一次渲染中处理多个材质和贴图

   C. 支持多GPU渲染，支持分层渲染

   D. 可以根据用户的要求自动调整抗锯齿和混合模式

4. 以下哪些描述属于物体材质范畴（　）

   A. 大小　　B. 重量　　C. 颜色　　D. 反光度

5. 贴图显示的快捷键是（　）

   A. 4　　B. 5　　C. 6　　D. 7

二、填空题

1. 材质查看器可以预览查看材质节点的＿＿＿＿＿＿＿＿等信息概况。
2. 材质查看器可选择＿＿＿＿＿＿＿＿＿＿＿＿＿＿等查看模式来预览材质效果。
3. 渲染的关键是在＿＿＿＿＿＿＿＿与＿＿＿＿＿＿＿＿＿＿＿＿之间找到平衡。

模块7 Maya动画基础

三维动画又称3D动画，设计师借助Maya 2022可以创作出一流的3D动画，并对角色、物体、环境和动画进行精确控制和调整。Maya 2022拥有丰富的动画制作工具，为用户提供全面的动画制作流程，从而帮助用户轻松创建出高质量的动画。

学习目标

- 了解动画基础知识
- 了解三维动画的基本制作流程
- 了解Maya 2022常见动画的制作、调节方法
- 具有良好的观察、创造能力
- 具有良好的工作态度、创新意识
- 具有团队合作精神和优质服务意识

7.1 动画基础知识

动画是由一系列的静止图像组成的连续画面，动画制作是随时间变化创建和编辑物体属性的过程。3D动画的本质是利用计算机技术和软件，使用三维坐标系统，在虚拟空间中构建、控制、变形和渲染复杂的形状和纹理，以表现出物体移动和变形的效果。

（1）时间轴

时间轴是一个线形的图表，用于表示动画的时间进程。它用来计算动画每帧的时间间隔，并且可以控制动画的播放速度。时间轴可以用来计算动画的总时间，也可以用来计算每帧的延迟时间。时间轴是动画中不可缺少的一部分，是动画记录和播放的重要基础。

如图7-1所示，Maya 2022时间轴（Time Slider Bookmarks）通过时间滑块（Time Slider）标记事件，以便控制动画的某些时刻。

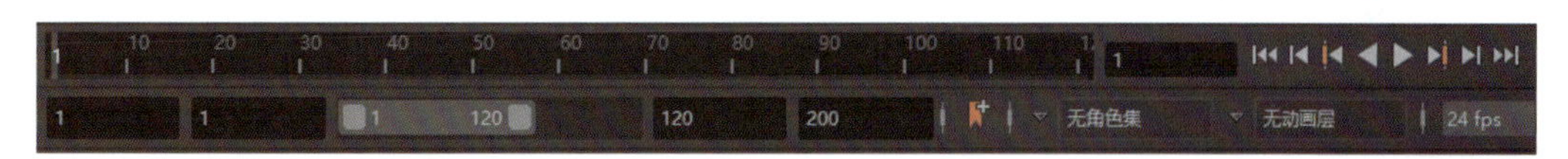

图7-1 Maya 2022时间轴

（2）帧

帧是时间轴的最小单位，每一帧的图像都是不同的。每一帧的图像连续显示，就给人一种连续的视觉效果（图7-2）。

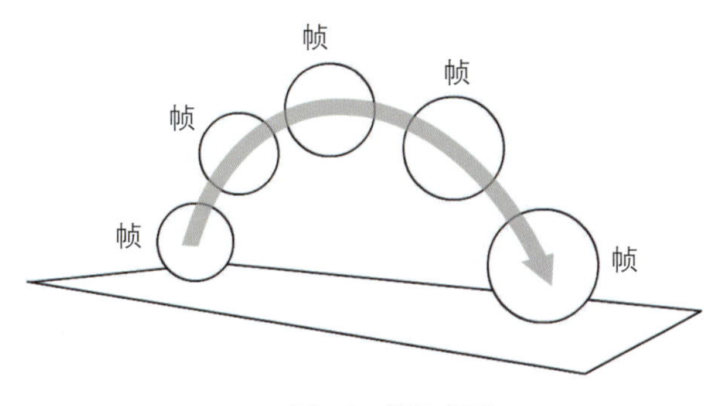

图7-2 帧示意图

（3）关键帧

指角色或者物体运动变化中关键动作所处的那一帧，相当于二维动画中的原画，是指定特定时刻对象属性值的任意标记。关键帧与关键帧之间的动画可以由软件创建添加，叫作过渡帧或者中间帧。

（4）帧频

帧频是指每秒钟放映或显示的帧或图像的数量，主要用于电影、电视或视频的同步音频和图像中。一般帧频为每秒24～30帧，最多每秒120帧。电影的专业帧频是每秒24帧，电视的专业帧频在部分国家是每秒30帧。

7.2 Maya 2022动画设置调节基础

动画制作是Maya 2022软件的核心功能之一。Maya 2022主要的动画制作方法包括：关键帧动画、非线性动画、路径动画、动作捕捉动画、分层动画等。其中的关键帧动画是所有动画制作方法的基础，在非线性动画和路径动画的制作中，都需要运用关键帧的概念和方法。

（1）认识关键帧动画

关键帧动画是通过在一系列的关键帧中建立动画中元素的快照，然后使用流畅的过渡效果，从一个关键帧过渡到另一个关键帧，从而创建出一个动画效果。

1）设置关键帧

设置关键帧是创建标记的过程，这些标记指定动画中的时间和动作。创建对象后，可以设置一些关键帧，用于表示该对象的属性何时在动画中发生更改。设定关键帧包括将时间移动到要为某属性建立值的位置，设定该值，然后在此处放置一个关键帧，实际上是在该时间记录属性的快照。以设置移动物体动画为例，鼠标移动对象，然后按“S键”在时间滑块上设置关键帧（图7-3）。

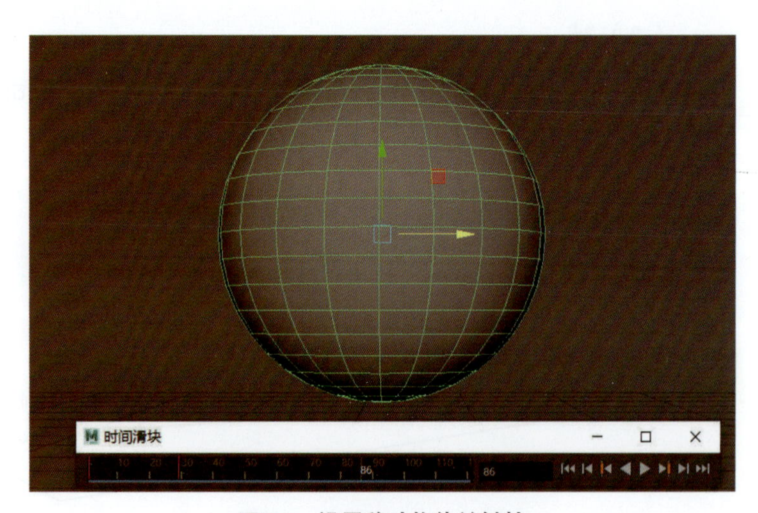

图7-3 设置移动物体关键帧

另外，关键帧可以重新排列、移除和复制。例如，可以将一个对象的动画属性复制到另一个对象，也可以拉伸动画块。

2）通道盒/层编辑器

常规的物体动画可以通过“通道盒/层编辑器”进行关键帧状态设定。编辑器中的可编辑属性主要包括：平移、旋转、缩放、可见性四种（图7-4）。

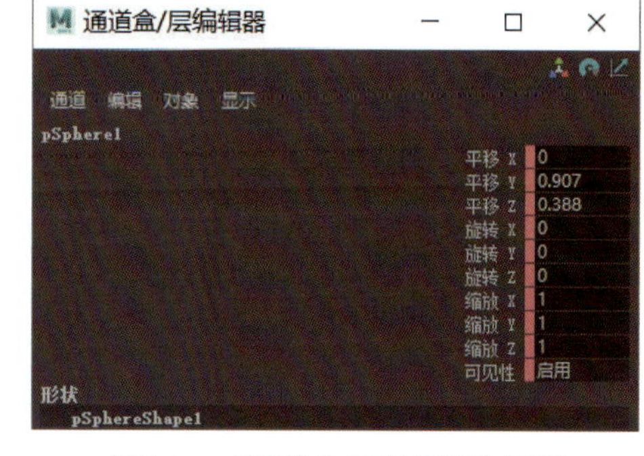

图7-4　“通道盒/层编辑器”面板

3）曲线图编辑器

如图7-5所示，使用“曲线图编辑器”（Graph Editor）可以操纵动画曲线。动画曲线可用于显示关键帧在时间和空间中的移动方式。每个关键帧均具有切线，可以控制动画曲线分段如何进入和退出关键帧。“曲线图编辑器”仅适用于关键帧和动画曲线。在“曲线图编辑器”中，表达式和反向运动学不可编辑。

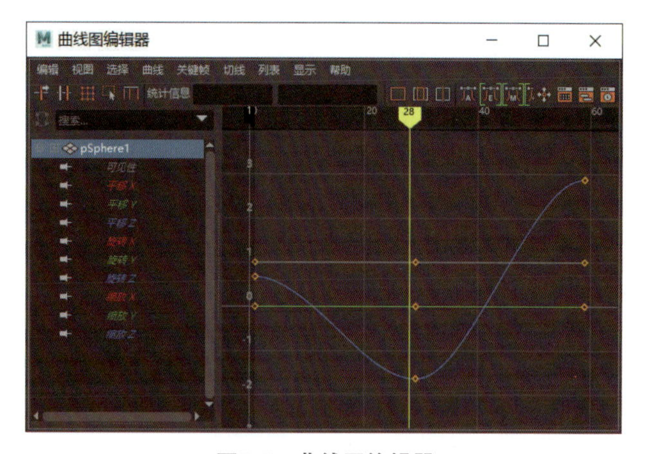

图7-5　曲线图编辑器

将关键帧添加到动画曲线的步骤：

步骤1 在“曲线图编辑器”中，选择该曲线。

步骤2 从菜单栏中选择“关键帧”>“添加关键帧”工具或“关键帧”>“插入关键帧”工具。

步骤3 拖动选择曲线，然后单击鼠标中键以在曲线上添加新的关键帧。

添加到曲线的所有关键帧都将具有与相邻关键帧相同的切线类型，以保持原始动画曲线分段的形状。一旦将关键帧添加到当前动画曲线，则可以选择关键帧并调整其设置。

从动画曲线中删除关键帧的方法：

方法一，在“曲线图编辑器”中，选择要删除的关键帧并按

“Delete键”。

方法二，在该关键帧上单击鼠标右键，然后从显示的弹出菜单中选择“编辑”>“删除”。

一旦将关键帧添加到当前动画曲线，则可以选择关键帧并调整其设置。

复制、粘贴关键帧（在同一曲线内）的步骤：

步骤1 在场景视图中，选择要复制和粘贴关键帧的动画对象。

步骤2 在“曲线图编辑器”的大纲视图中，选择要复制关键帧的特定通道，并按“F键”以在视图中框显曲线。选定通道的曲线将出现在“曲线图编辑器”的当前视图中。

步骤3 选择要复制的关键帧，然后按“Ctrl+C”复制。注意：在粘贴之前，请务必单击曲线视图。

步骤4 在“曲线图编辑器”的曲线视图中，将当前时间指示器移动到要粘贴已复制关键帧的时间。

步骤5 按“Ctrl+V”粘贴关键帧。

4）摄影表

如图7-6所示，可以使用“摄影表”（Dope Sheet）操纵一系列时间和关键帧。“摄影表”操纵器提供了复制、剪切、粘贴、缩放、移动或禁用时间和关键帧等功能。需要注意的是，“摄影表”操纵器不支持键盘上的“Delete键”。若要选择待删除的关键帧，需要使用常规的“选择工具”（Select Tool）。

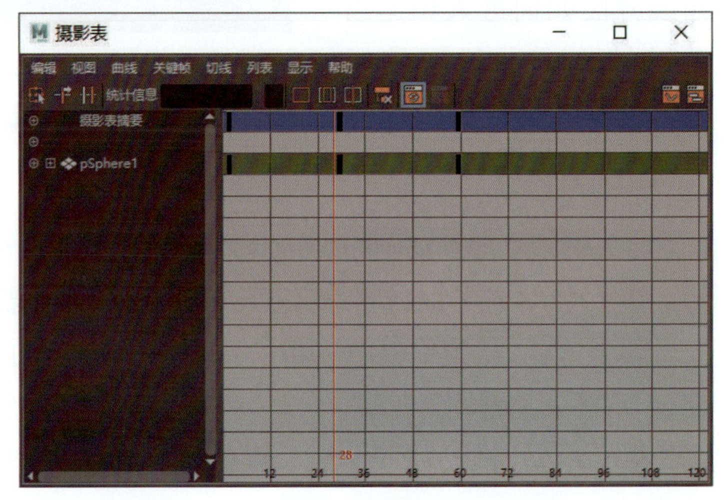

图7-6　摄影表

（2）了解非线性动画

非线性动画是按照可重新排列和编辑的序列集合动画。

用关键帧或运动捕捉为动作主体设置动画后，可以将其动画数据排列成单个可编辑序列。此动画序列称为动画片段。

在Maya中，有两种类型的片段：源片段和常规剪辑。Maya通过将角色的原始动画曲线保存在源片段中，来保留及保存角色原始动画曲线。非线性动画的基础是，移动、操纵和混合常规片段，从而为角色生成一系列平滑的动作。“Trax 编辑器”（Trax Editor）用于管理角色非线性动画的各个方面（图7-7）。

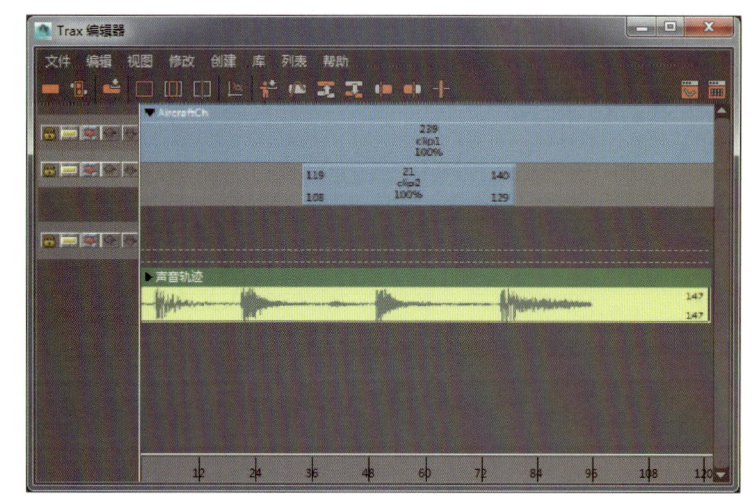

图7-7 Trax编辑器

（3）了解路径动画

如图7-8所示，路径动画即物体沿着指定路径线运动的动画。

创建路径动画的方法有两种：

方法一，使用“曲线”工具创建路径，或者确定现有路径并将对象链接到该路径。

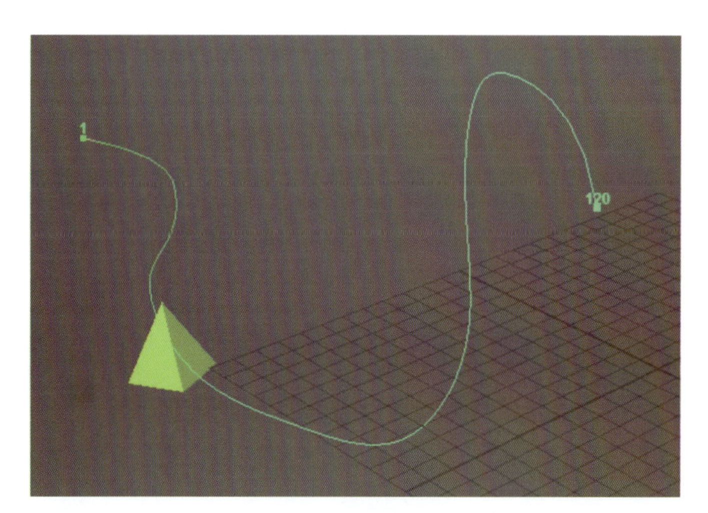

图7-8 路径动画

方法二，移动对象，使其穿过场景中的一系列位置，从而创建一条经由这些位置的路径。

7.3 任务实例

任务实例1 制作小球运动动画

任务描述 制作一个小球落下的动画，并且展示出小球因惯性所产生的形变。

任务参考图

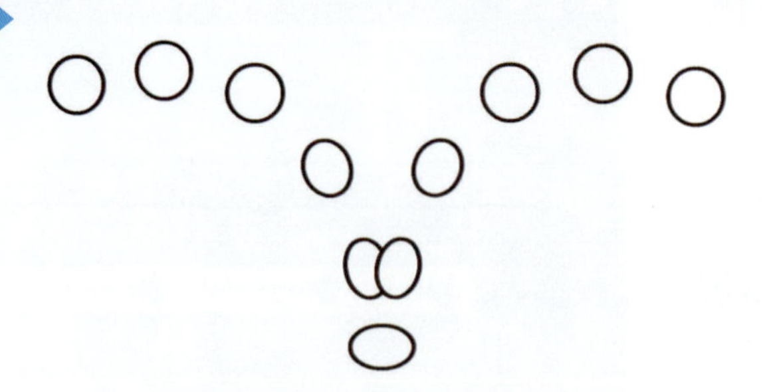

任务分析 调节球体下落过程是动画制作基本功。小球接触地板时，球体会发生形变，在回弹过程中逐步恢复小球固有形状。

关键操作功能 建立基本关键帧、编辑动画曲线、挤压变形器。

任务操作:

步骤1 做准备工作。

设置帧速率：根据动画制作需求设置帧速率。如图7-9所示，要制作每秒25帧的动画，需要把“首选项”>“时间滑块”中“帧速率”设置为25fps。

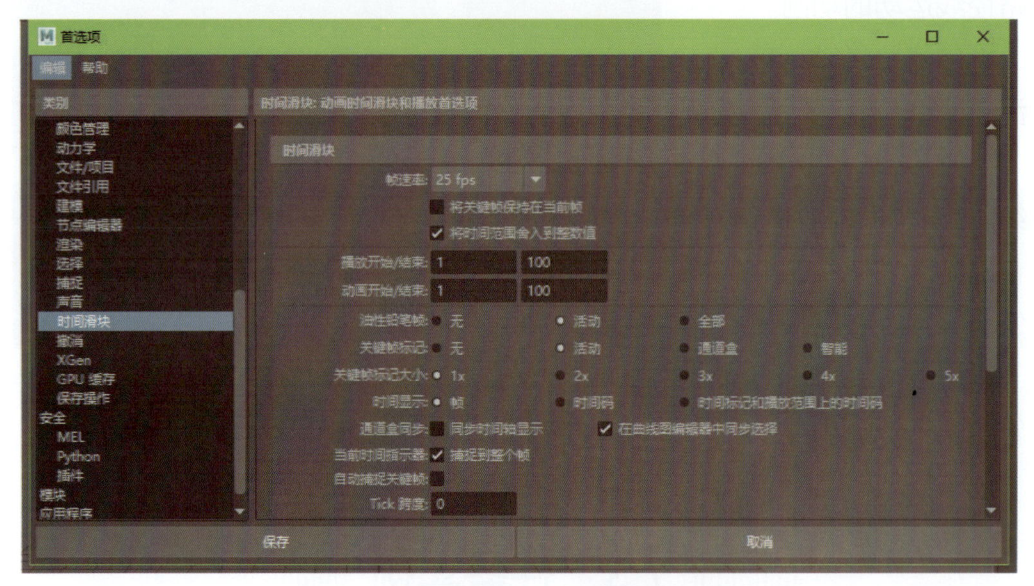

图7-9　调整“首选项”中“帧速率”参数

设置播放速度：Maya默认的“播放每一帧”做出来的动画效果会和播放速率为“25×1”的渲染效果大不相同，所以需要根据动画的效果调整播放速度，如图7-10所示。

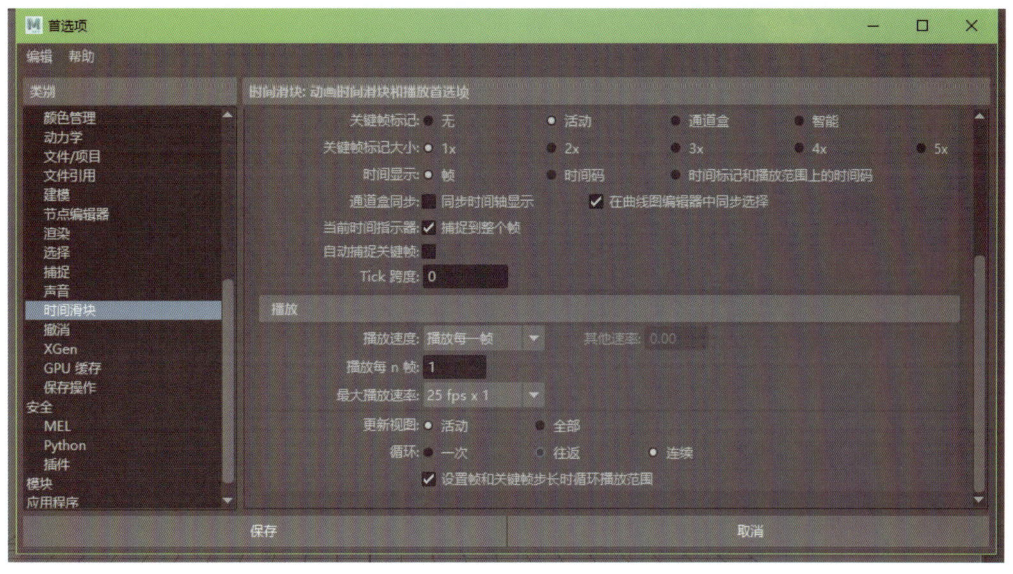

图7-10　调整“首选项”中“播放速度”参数

步骤2　建立基础小球并移动到起跳点，如图7-11所示。

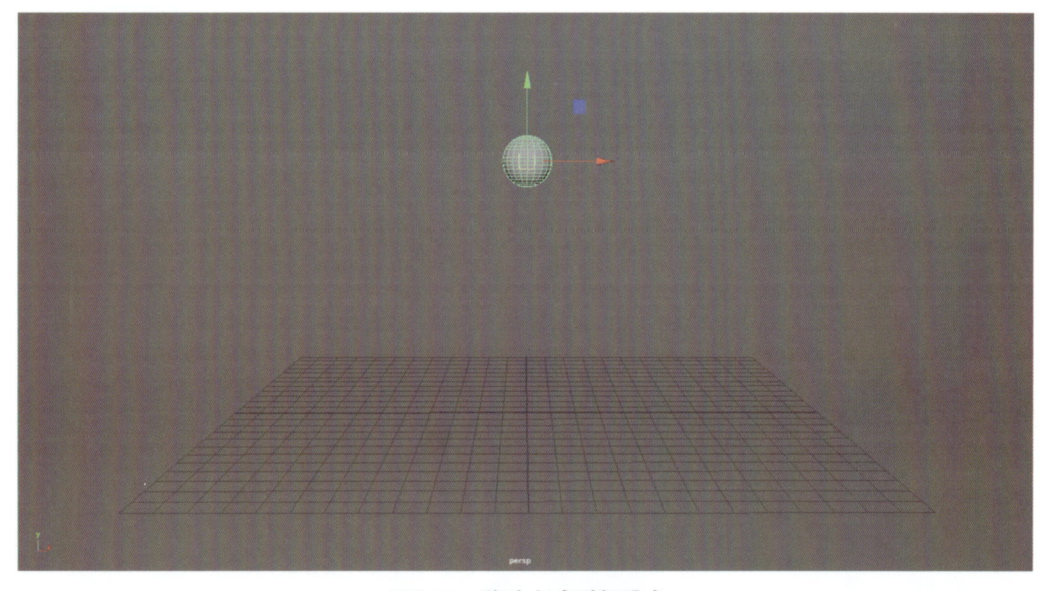
图7-11　移动小球到起跳点

设置基本关键帧，因为小球弹跳只有落地、弹起两个动作，只是在Y轴（即高度）上有变化，所以在第一帧固定高度位置可以设置一个关键帧。如图7-12所示，这里为了方便，选择了整数，即Y轴等于10。

如图7-13所示，在12帧设置一个关键帧表示落地，即Y轴等于1。

如图7-14所示，在23帧时设置一个关键帧表示弹起，即Y轴等于10。

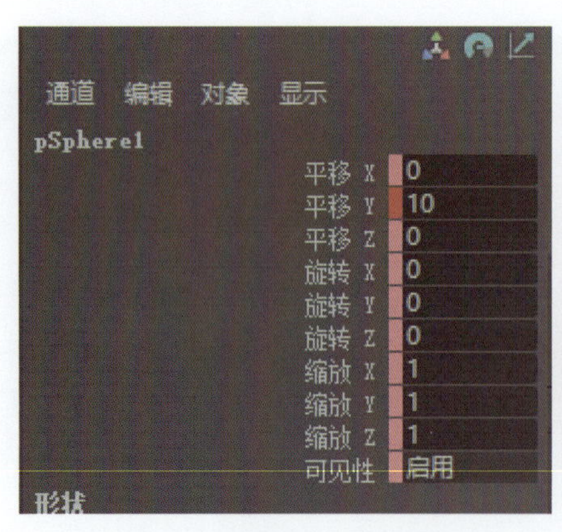

图7-12 调整Y轴上参数10

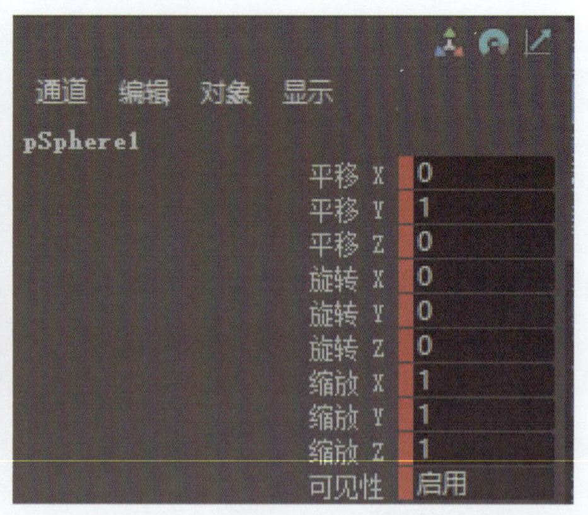

图7-13 调整Y轴上参数为1

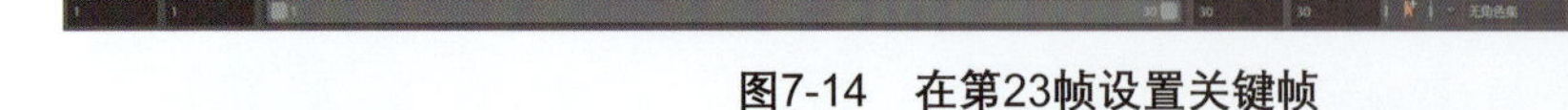

图7-14 在第23帧设置关键帧

步骤3 将小球运动曲线调整到匀速运动。

打开“窗口”>“动画编辑器”>“曲线图编辑器”，如图7-15所示。

打开后，选择要查看的物体，就能显示该物体的动画曲线，如图7-16所示。

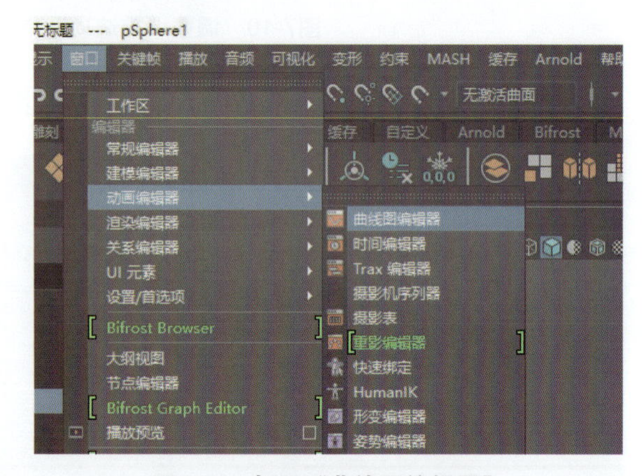

图7-15 打开“曲线图编辑器”

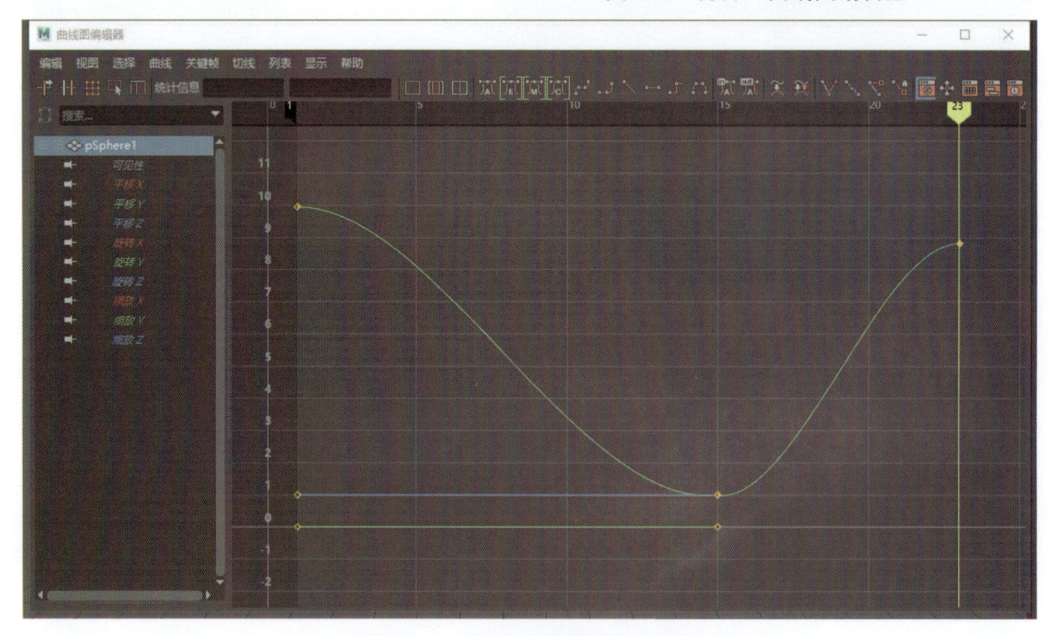

图7-16 “曲线图编辑器”示意图

如图7-17所示，Maya平时默认的动作曲线是“自动切线”，为非匀速运动。匀速运动是将切线的斜率调整一致，需要使用“线性切线”工具，将小球运动的动画曲线改变为匀速运动的动画曲线。

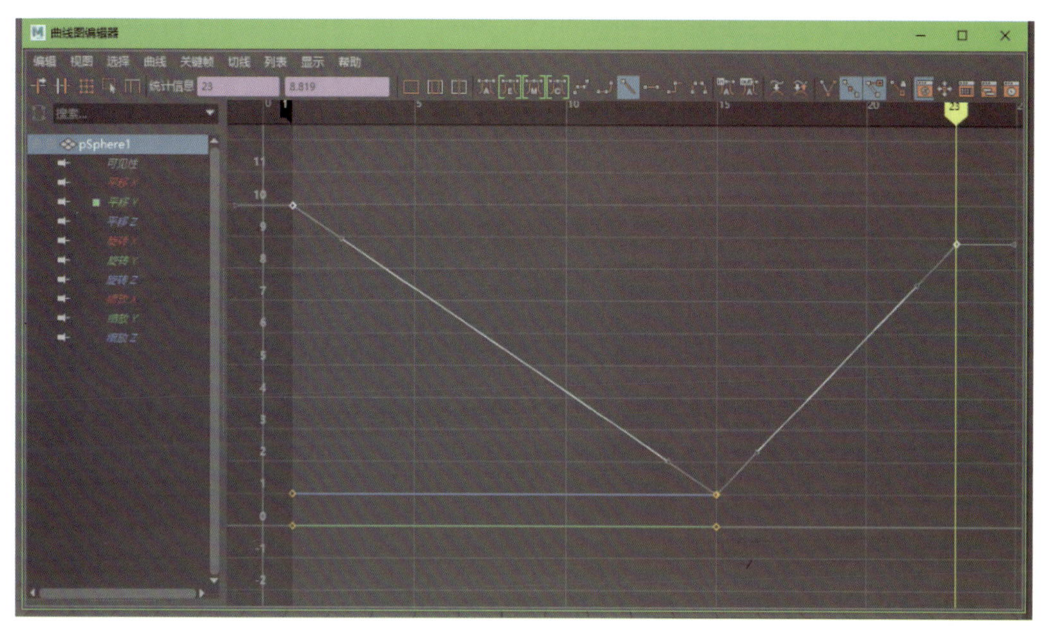

图7-17　使用“线性切线”工具

步骤4　调整小球的运动曲线的合理性。

按照物理规律来说，物体落地速度应该较快，需要将最低点斜率调大，点击“断开切线”工具，就可以分别调整了。

小球砸到底部之后，会有一个形变的过程，所以右侧的曲线要比砸下来的曲线稍显平缓。按照要求调整曲线得到曲线图，如图7-18所示。

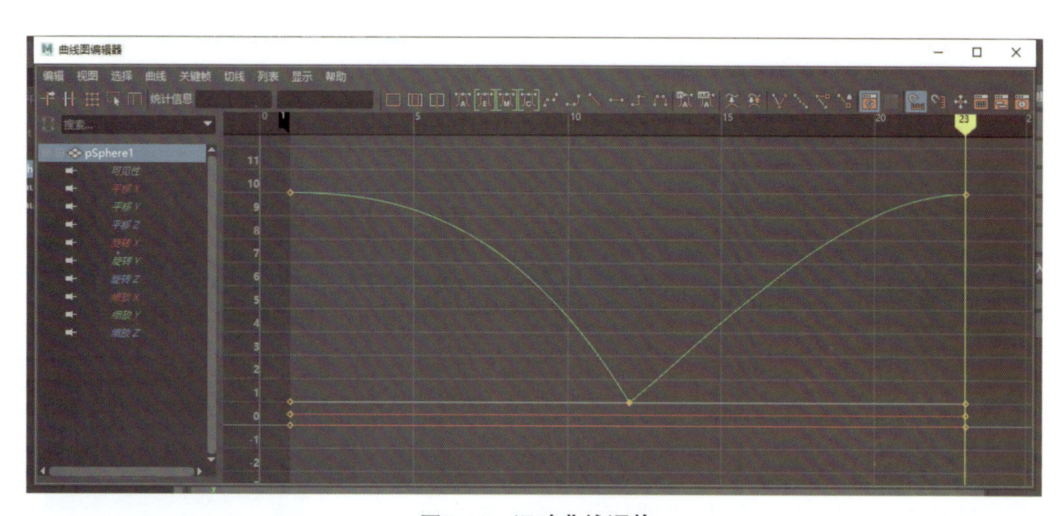

图7-18　运动曲线调整

步骤5 制作循环播放动画。

按照物体运动的规律，小球落地会弹起来，进行循环运动。因此，可以通过复制帧来制作循环动画。需要制作小球越弹越低的效果时，就不能使用无限循环了，只能手动复制曲线，先选中曲线，框选即可，曲线会变成白色。另外，注意复制的时候看一下当前的时间条在哪个位置，因为粘贴的时候，是从当前时间条开始粘贴的。这里的当前帧在23（图7-19）。

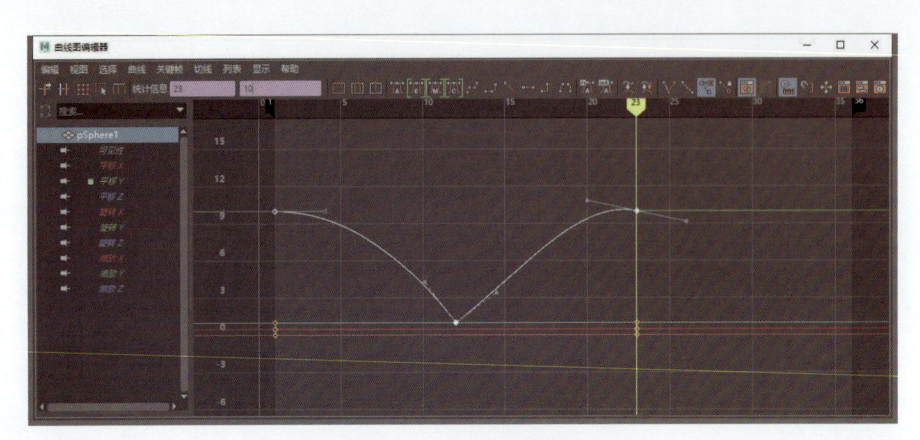

图7-19 小球运动曲线图

按“Ctrl+C”复制，按“Ctrl+V”粘贴，粘贴之后手动调节小球运动曲线（图7-20）。

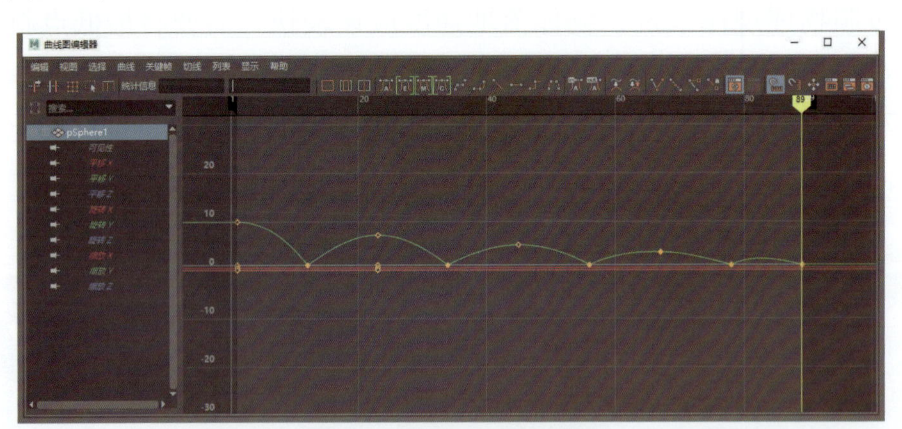

图7-20 调整小球运动曲线

步骤6 制作小球的形变动画，可以使用“挤压”变形器对小球进行形变（图7-21），具体操作是选择“动画板块”>“非线性变形”>“挤压”。

选中物体之后，点击“挤压”变形器功能，变形器会自动赋值给选中的物体（图7-22）。

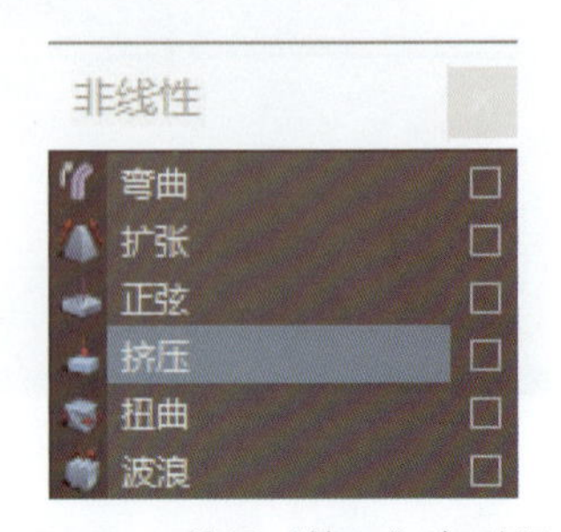

图7-21 使用“挤压”变形器

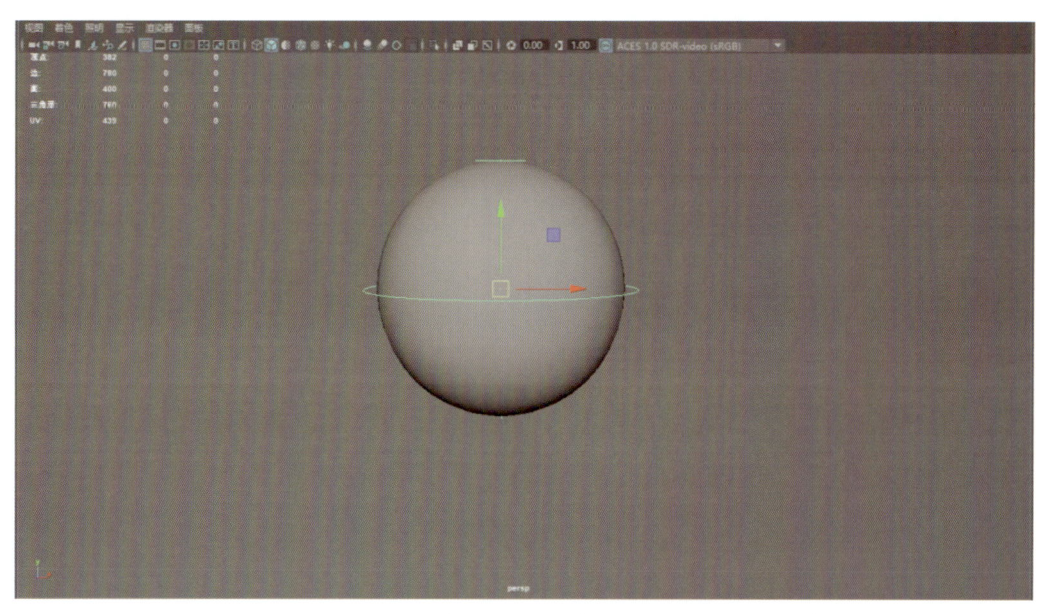

图7-22 使用“挤压”变形器效果图

其控制器自带参数如图7-23所示。

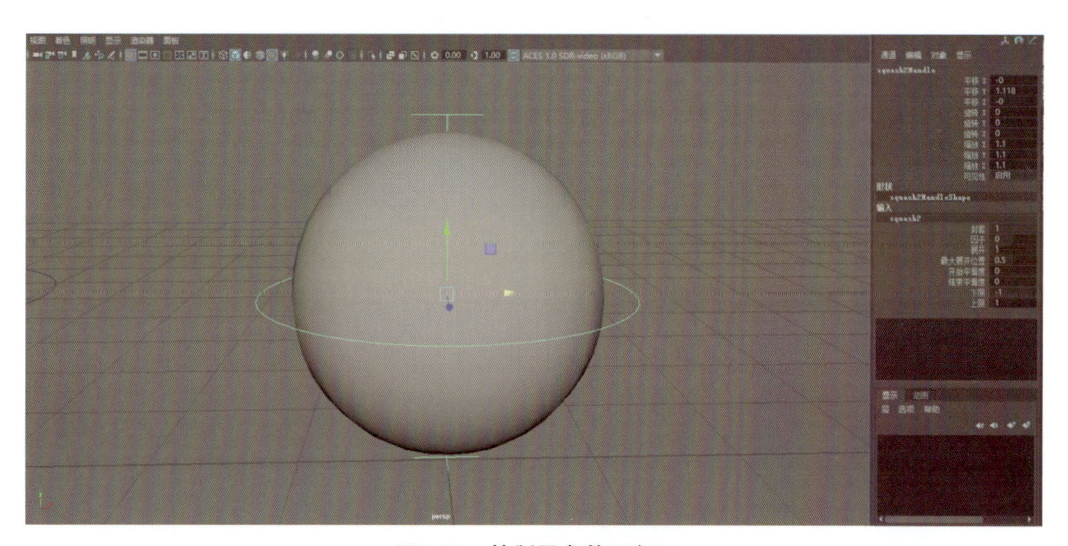

图7-23 控制器参数示意图

使用变形器设置关键帧之前，需要将变形器与小球构成“父子”关系，使变形器跟着小球运动。先选择变形器后，再选择小球，点击“编辑”>“建立父子关系”，如图7-24、图7-25所示。

步骤7 在小球落地及弹起高点的位置设置关键帧并调整变形器参数，使小球进行形变，落地时调整变形器因子参数为–0.1，弹起到高点位置时设置为0，如图7-26所示。

步骤8 关键帧设置完成之后就可以点击播放按键，查看小球落下运动的动画效果。

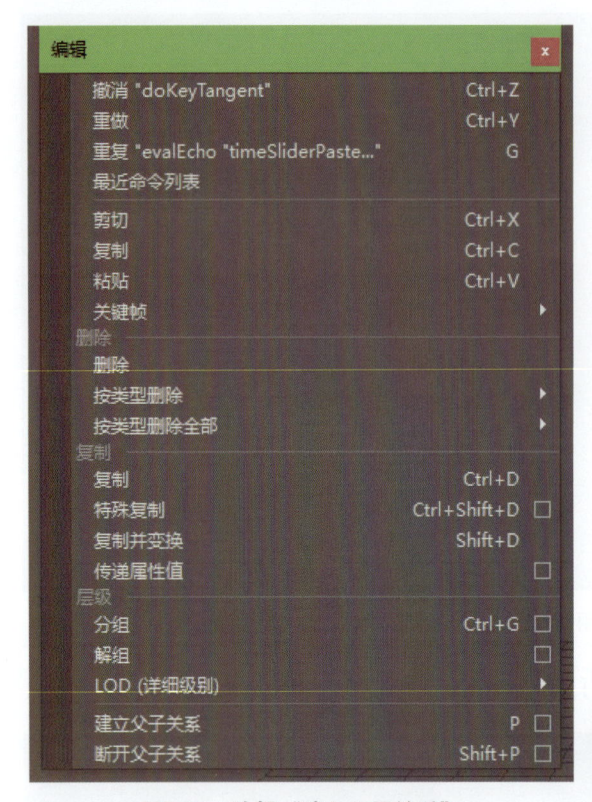

图7-24　选择“建立父子关系”

图7-25　变形器与小球“父子”关系示意图

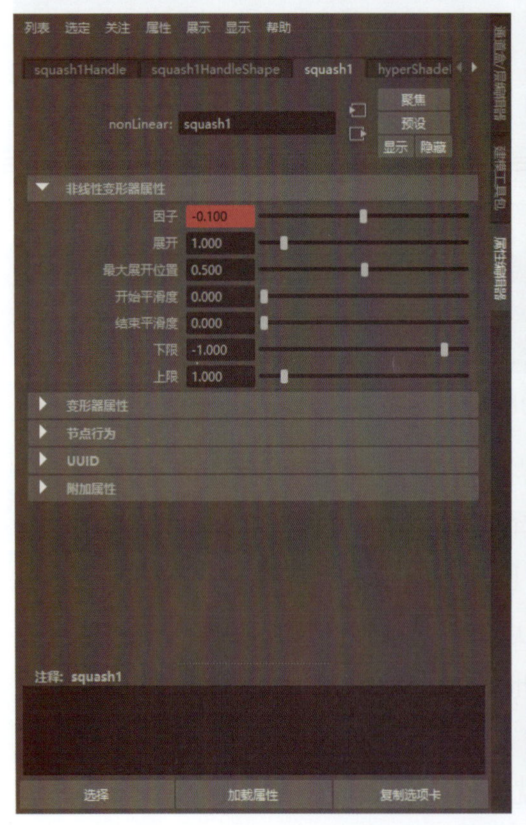

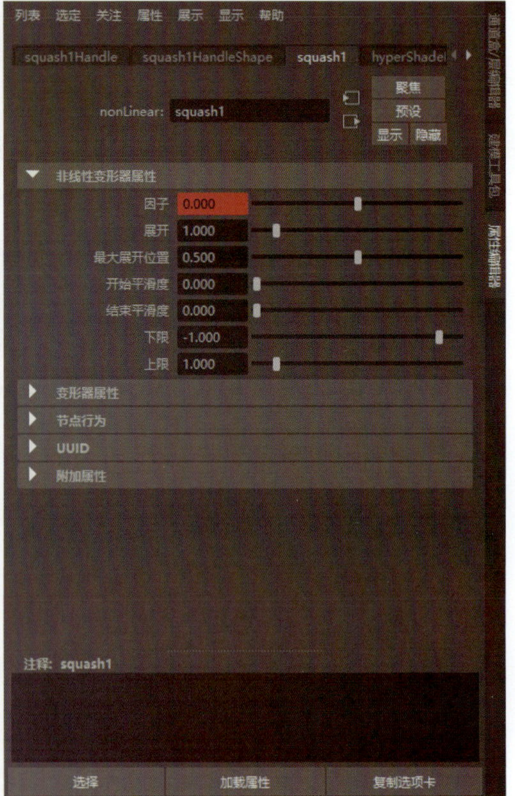

图7-26　变形器参数调整示意图

学习考评单

<table>
<tr><td colspan="3">工作任务：制作小球运动动画</td><td colspan="3">制作时间：　分钟</td></tr>
<tr><td>任务操作步骤概述</td><td colspan="5"></td></tr>
<tr><td>反馈项目</td><td>自评</td><td>互评</td><td>师评</td><td colspan="2">努力方向、改进措施</td></tr>
<tr><td>操作过程（单选）</td><td>熟练□
不熟练□
不准确□</td><td>熟练□
不熟练□
不准确□</td><td>熟练□
不熟练□
不准确□</td><td colspan="2"></td></tr>
<tr><td>制作效果（单选）</td><td>美观□
相似□
差异大□</td><td>美观□
相似□
差异大□</td><td>美观□
相似□
差异大□</td><td colspan="2"></td></tr>
<tr><td>职业素养（可多选）</td><td>态度认真严谨□
沟通交流有效□
善于观察总结□</td><td>态度认真严谨□
沟通交流有效□
善于观察总结□</td><td>态度认真严谨□
沟通交流有效□
善于观察总结□</td><td colspan="2"></td></tr>
<tr><td>学生签字</td><td></td><td>组长签字</td><td></td><td>教师签字</td><td></td></tr>
</table>

任务实例2　制作运动路径动画

任务描述　利用素材图片制作火凤凰盘旋上升的路径动画。

任务分析　运动路径动画制作过程中，当曲线更改方向时，对象会自动从一侧旋转到另外一侧。如果对象为几何体，它会自动变形以跟随曲线轮廓。在本实例制作过程中，编辑曲线形状，确定凤凰方向是重点工作。

关键操作功能　贴图材质参数调节、EP曲线、建立运动路径。

任务操作：

步骤1　准备工作：首先需要准备一张凤凰PNG图片（图7-27）。

图7-27　凤凰图片

如图7-28所示，建立一个平面，利用建立参考图的方式为新建的面片赋予凤凰图片的材质贴图。

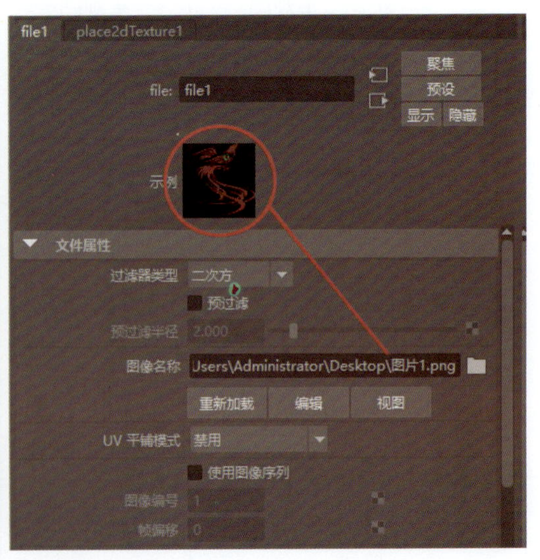

图7-28　将凤凰图片导入材质中

如图7-29所示，为能够有足够的边去支撑变形，保留高度细分数，将细分宽度改为1。

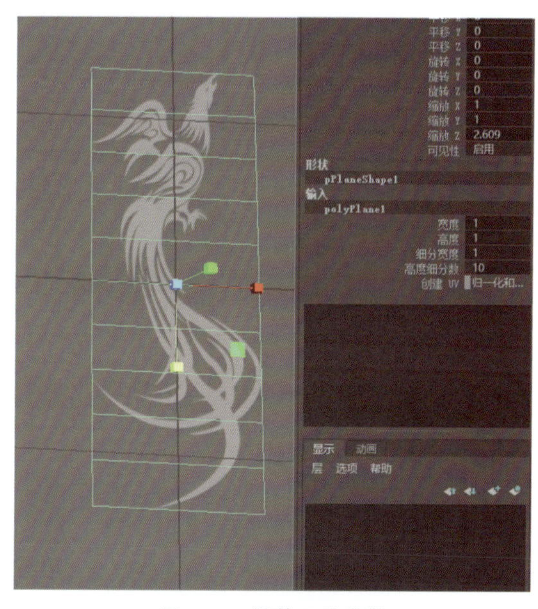

图7-29　调整面片参数

步骤2　根据需求建立EP曲线。影视作品中凤凰的飞行是盘旋向上的，因此需要制作环形曲线，使凤凰沿着曲线路径达到盘旋向上运动的动画效果，其操作如图7-30、图7-31所示。

确定曲线位置后，需要重建曲线，修改“跨度数”，具体操作如图7-32～图7-34所示。

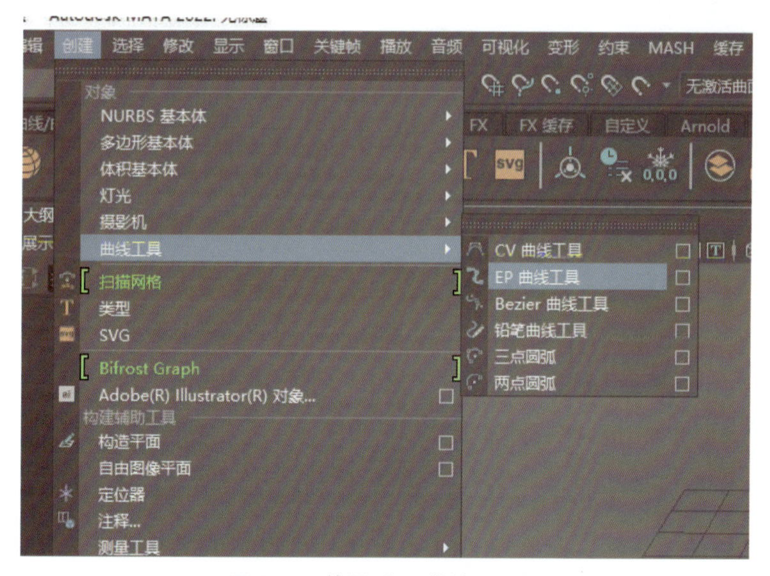

图7-30　使用“EP曲线工具”

图7-31　建立EP曲线

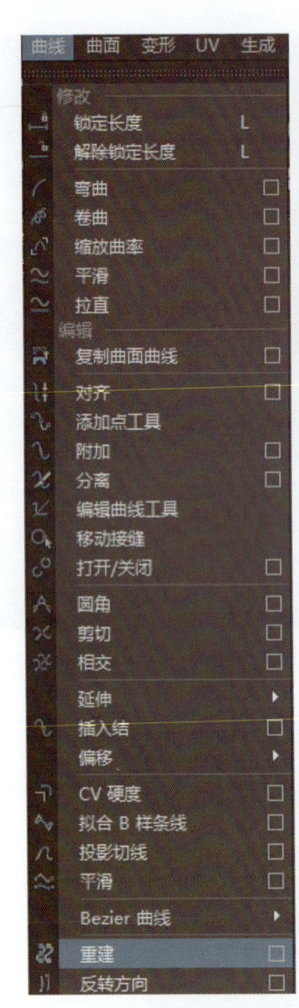

图7-32　使用曲线“重建”指令

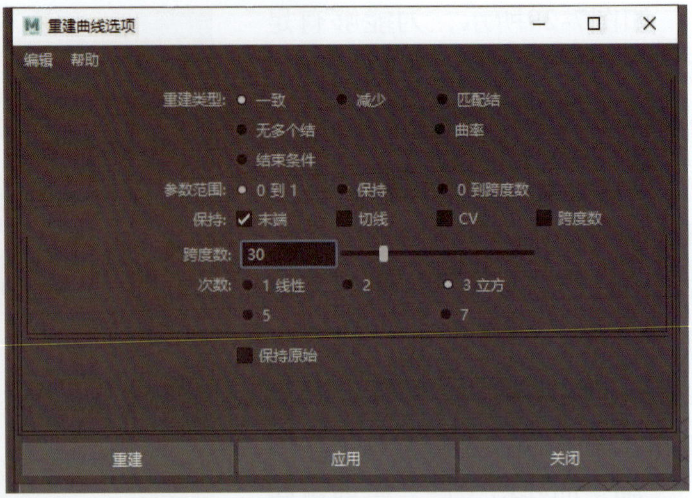

图7-33　调整“重建曲线选项”参数

图7-34　重建曲线效果图

步骤3 建立运动路径。如图7-35所示，在建立运动路径之前，需要先将凤凰的位置进行调整，要将凤凰头的方向旋转得与曲线方向相同。

通过观察可知，曲线沿着Y轴旋转，而凤凰则是朝向X轴方向的，所以需要将凤凰旋转到合适位置后进行“冻结变换”，如图7-36所示。

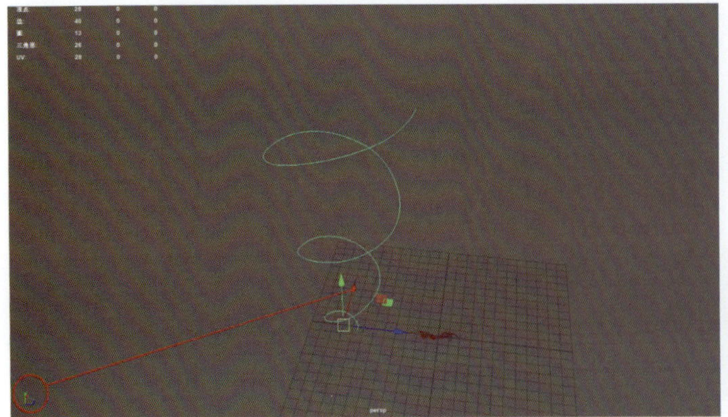

图7-35　建立运动路径

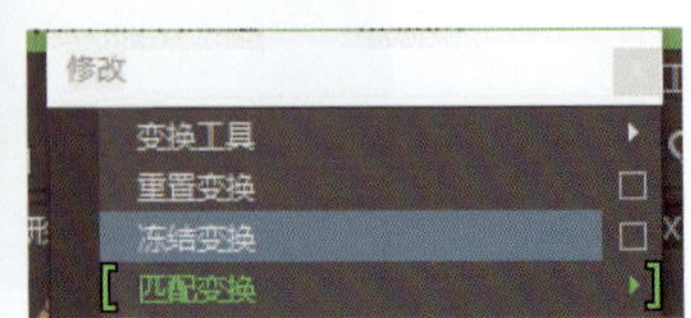

图7-36　调节旋转参数并进行“冻结变换”

如图7-37所示，选中凤凰，再选择曲线，然后点击“约束”>“运动路径”>“连接到运动路径”。

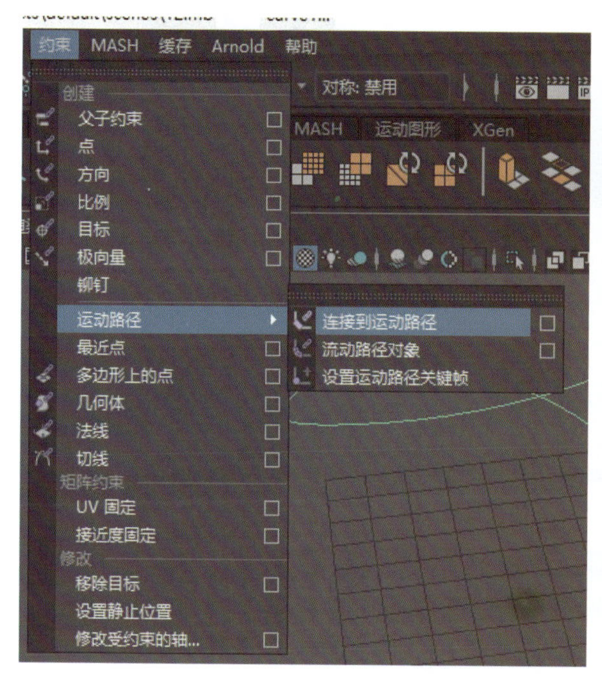

图7-37　使用“连接到运动路径”指令

如图7-38所示，创建路径动画时，可以发现沿路径曲线绘制的带数字的标记。这些是运动路径的标记，每个都代表一条动画曲线的一个关键帧。创建好运动路径后，对象将移动到曲线上它当前被定位到的点。另外，曲线的两端显示两个带有编号的运动路径标记。这些标记指示对象的位置和对象移动到这些标记位置的时间。

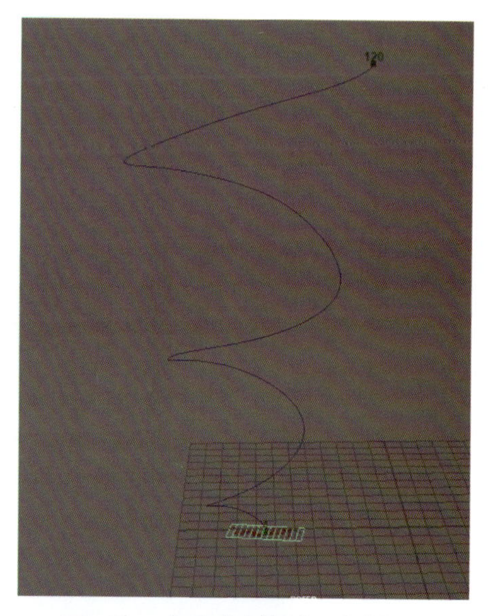

图7-38　完成“连接到运动路径”指令效果图

步骤4　查看凤凰沿曲线路径运动的效果，点击播放控件中的播放按钮，其效果如图7-39所示。

此时发现其运动轨迹是能够正常运动的，但是其效果僵直平移，并未达到运动并弯曲游动的预期效果。此时，应点击对象，选择“约束”>“运动路径”>“流动路径对象”（图7-40），对象就会沿着曲线的方向贴合整体弯曲运动。

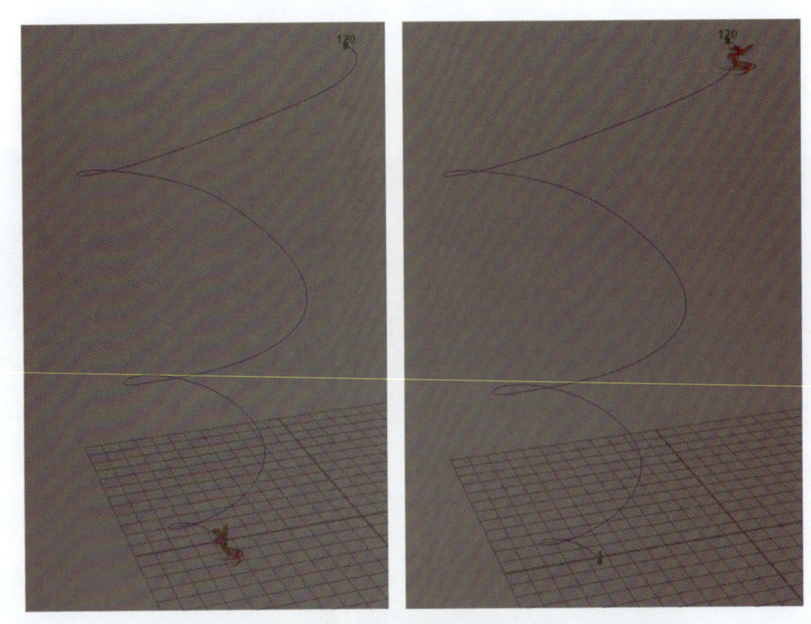

图7-39　播放动画

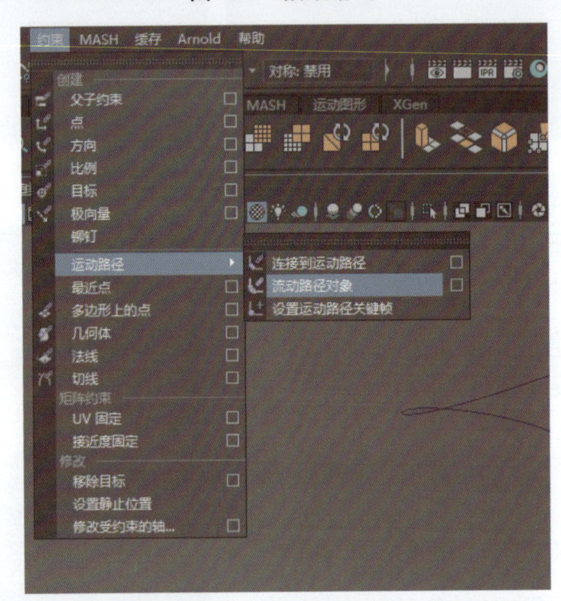

图7-40　使用“流动路径对象”指令

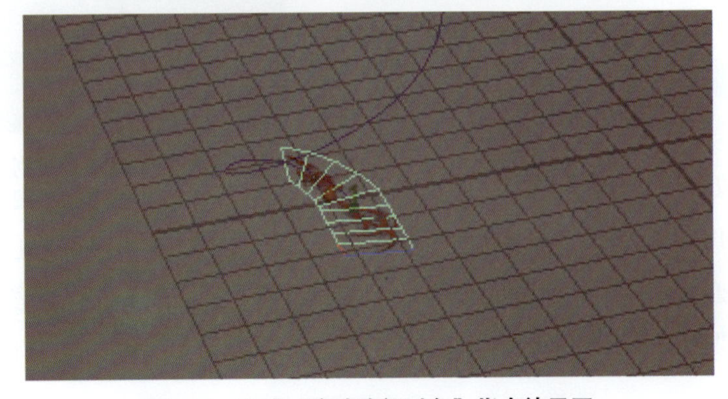

图7-41　完成“流动路径对象”指令效果图

如果想要弯曲效果更加细腻，可以在设置“流动路径对象”前进行段数修改（图7-42）。

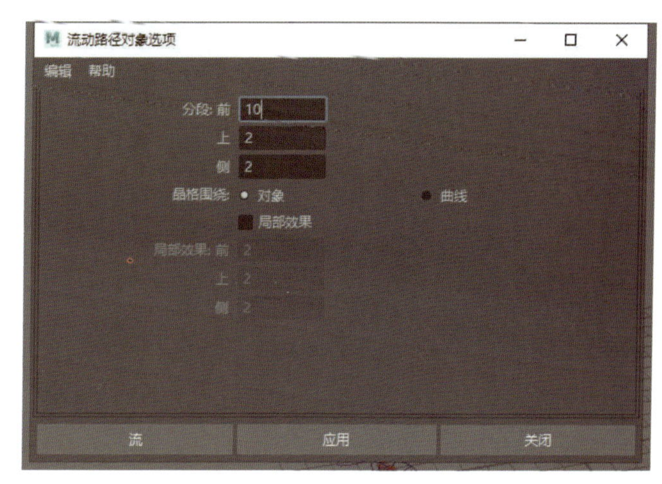

图7-42 调整“流动路径对象”参数

此时，再播放观察，可以看到对象沿着曲线流动运动。未设置流动运动前，其效果如图7-43所示。

设置流动运动后，其效果如图7-44所示。

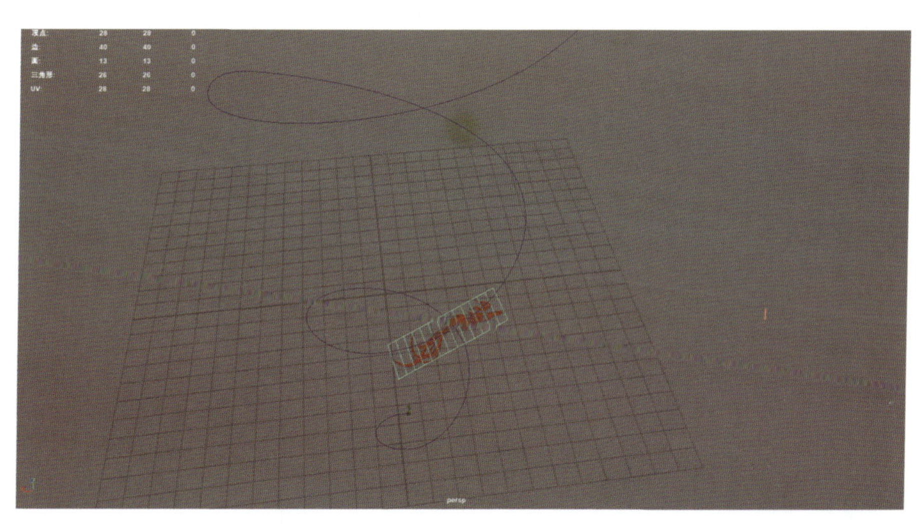

图7-43 未设置流动运动前效果图

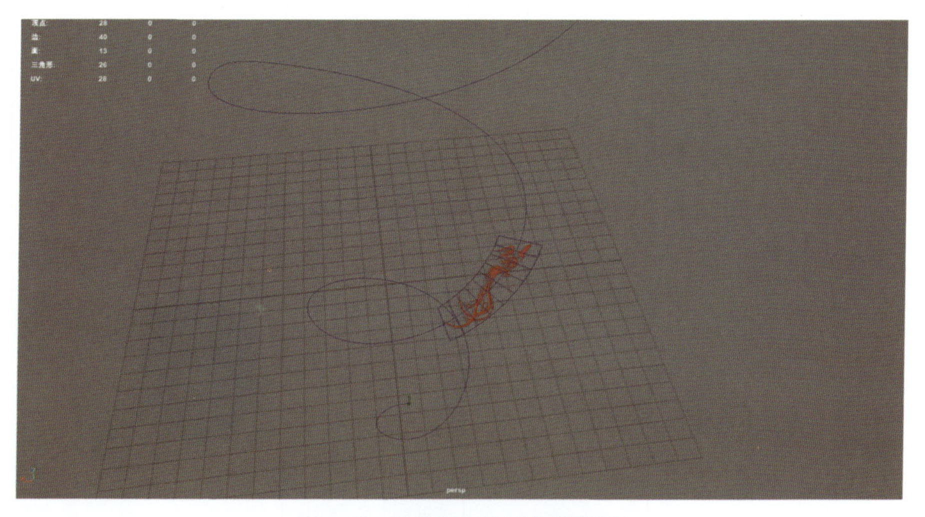

图7-44 设置流动运动后效果图

学习考评单

<table>
<tr><td colspan="3">工作任务：制作运动路径动画</td><td colspan="3">制作时间：　分钟</td></tr>
<tr><td>任务操作
步骤概述</td><td colspan="5"></td></tr>
<tr><td>反馈项目</td><td>自评</td><td>互评</td><td>师评</td><td colspan="2">努力方向、改进措施</td></tr>
<tr><td>操作过程
（单选）</td><td>熟练□
不熟练□
不准确□</td><td>熟练□
不熟练□
不准确□</td><td>熟练□
不熟练□
不准确□</td><td colspan="2"></td></tr>
<tr><td>制作效果
（单选）</td><td>美观□
相似□
差异大□</td><td>美观□
相似□
差异大□</td><td>美观□
相似□
差异大□</td><td colspan="2"></td></tr>
<tr><td>职业素养
（可多选）</td><td>态度认真严谨□
沟通交流有效□
善于观察总结□</td><td>态度认真严谨□
沟通交流有效□
善于观察总结□</td><td>态度认真严谨□
沟通交流有效□
善于观察总结□</td><td colspan="2"></td></tr>
<tr><td>学生签字</td><td></td><td>组长签字</td><td></td><td>教师签字</td><td></td></tr>
</table>

知识巩固

一、选择题

1. 以下关于“帧”的描述正确的是（   ）

   A. 帧是时间轴的最小单位

   B. 每一帧的图像连续播放，就生成了连续画面

   C. 帧仅存在于动画视频中，与电影、电视剧没有关联

   D. 所有视频的帧频都是一致的

2. 帧频概念应用在以下哪些产品中（   ）

   A. 电脑游戏　　B. 影视动画　　C. 真人电影　　D. 电视

3. 以下关于关键帧的描述正确的是（   ）

   A. 关键帧是角色或者物体运动变化中关键动作所处的那一帧

   B. 关键帧是关键帧动画制作的重难点调节对象

   C. 只有Maya存在关键帧概念

   D. 每个动画的关键帧数量都是一致的

4. 设置关键帧的快捷键是（   ）

   A. S　　B. Ctrl+A　　C. D　　D. Alt+S

5. 非线性动画是按照可重新排列和编辑的序列集合动画。该描述是（   ）

   A.正确的　　B.错误的

二、填空题

1. 动画是由一系列的静止图像组成的连续画面，动画制作是______________的过程。
2. 动画时间轴是一个线形的图表，它的作用是______________________________。
3. 路径动画的概念：___________________。

参考文献

[1] 来阳．Maya 2022从新手到高手[M]．北京：清华大学出版社，2022．

[2] 尹欣，韩帆．Maya基础与游戏建模[M]．北京：清华大学出版社，2022．

[3] 桑莉君，等．Maya 2022中文全彩铂金版案例教程．北京：中国青年出版社，2022．

[4] 朱伟华．Maya三维动画设计与制作．北京：北京希望电子出版社，2023．

[5] 张欣．中文版Maya 2022完全自学教程．北京：北京大学出版社，2022．